JN024149

東京大学工学教程

材料力学
材料力学Ⅱ

東京大学工学教程編纂委員会 編

吉村 忍　　酒井信介　泉 聡志
横関智弘　笠原直人　鈴木克幸　著
粟飯原周二　堀 宗朗　高田毅士

Mechanics and
Strength of Materials Ⅱ
SCHOOL OF ENGINEERING
THE UNIVERSITY OF TOKYO

丸善出版

東京大学工学教程

編纂にあたって

　東京大学工学部，および東京大学大学院工学系研究科において教育する工学は
いかにあるべきか．1886年に開学した本学工学部・工学系研究科が125年を経
て，改めて自問し自答すべき問いである．西洋文明の導入に端を発し，諸外国の
先端技術追奪の一世紀を経て，世界の工学研究教育機関の頂点の一つに立った
今，伝統を踏まえて，あらためて確固たる基礎を築くことこそ，創造を支える教
育の使命であろう．国内のみならず世界から集う最優秀な学生に対して教授すべ
き工学，すなわち，学生が本学で学ぶべき工学を開示することは，本学工学部・
工学系研究科の責務であるとともに，社会と時代の要請でもある．追奪から頂点
への歴史的な転機を迎え，本学工学部・工学系研究科が執る教育を聖域として閉
ざすことなく，工学の知の殿堂として世界に問う教程がこの「東京大学工学教程」
である．したがって照準は本学工学部・工学系研究科の学生に定めている．本工
学教程は，本学の学生が学ぶべき知を示すとともに，本学の教員が学生に教授す
べき知を示す教程である．

2012年2月

2010-2011 年度
東京大学工学部長・大学院工学系研究科長　北　森　武　彦

東京大学工学教程

刊 行 の 趣 旨

　現代の工学は，基礎基盤工学の学問領域と，特定のシステムや対象を取り扱う総合工学という学問領域から構成される．学際領域や複合領域は，学問の領域が伝統的な一つの基礎基盤ディシプリンに収まらずに複数の学問領域が融合したり，複合してできる新たな学問領域であり，一度確立した学際領域や複合領域は自立して総合工学として発展していく場合もある．さらに，学際化や複合化はいまや基礎基盤工学の中でも先端研究においてますます進んでいる．

　このような状況は，工学におけるさまざまな課題も生み出している．総合工学における研究対象は次第に大きくなり，経済，医学や社会とも連携して巨大複雑系社会システムまで発展し，その結果，内包する学問領域が大きくなり研究分野として自己完結する傾向から，基礎基盤工学との連携が疎かになる傾向がある．基礎基盤工学においては，限られた時間の中で，伝統的なディシプリンに立脚した確固たる工学教育と，急速に学際化と複合化を続ける先端工学研究をいかにしてつないでいくかという課題は，世界のトップ工学校に共通した教育課題といえる．また，研究最前線における現代的な研究方法論を学ばせる教育も，確固とした工学知の前提がなければ成立しない．工学の高等教育における二面性ともいえ，いずれを欠いても工学の高等教育は成立しない．

　一方，大学の国際化は当たり前のように進んでいる．東京大学においても工学の分野では大学院学生の四分の一は留学生であり，今後は学部学生の留学生比率もますます高まるであろうし，若年層人口が減少する中，わが国が確保すべき高度科学技術人材を海外に求めることもいよいよ本格化するであろう．工学の教育現場における国際化が急速に進むことは明らかである．そのような中，本学が教授すべき工学知を確固たる教程として示すことは国内に限らず，広く世界にも向けられるべきである．

　現代の工学を取り巻く状況を踏まえ，東京大学工学部・工学系研究科は，工学の基礎基盤を整え，科学技術先進国のトップの工学部・工学系研究科として学生が学び，かつ教員が教授するための指標を確固たるものとすることを目的として，時代に左右されない工学基礎知識を体系的に本工学教程としてとりまとめた．本工学教程は，東京大学工学部・工学系研究科のディシプリンの提示と教授指針の明示化であり，基礎（2年生後半から3年生を対象），専門基礎（4年生から大学院修士課程を対象），専門（大学院修士課程を対象）から構成される．したがって，工学教程は，博士課程教育の基盤形成に必要な工学知の徹底教育の指針でもある．工学教程の効用として次のことを期待している．

- 工学教程の全巻構成を示すことによって，各自の分野で身につけておくべき学問が何であり，次にどのような内容を学ぶことになるのか，基礎科目と自身の分野との間で学んでおくべき内容は何かなど，学ぶべき全体像を見通せるようになる．
- 東京大学工学部・工学系研究科のスタンダードとして何を教えるか，学生は何を知っておくべきかを示し，教育の根幹を作り上げる．
- 専門が進んでいくと改めて，新しい基礎科目の勉強が必要になることがある．そのときに立ち戻ることができる教科書になる．
- 基礎科目においても，工学部的な視点による解説を盛り込むことにより，常に工学への展開を意識した基礎科目の学習が可能となる．

東京大学工学教程編纂委員会　　委員長　加　藤　泰　浩
　　　　　　　　　　　　　　　　幹　事　吉　村　　　忍
　　　　　　　　　　　　　　　　　　　　求　　　幸　年

目　　次

は じ め に

　意図したものか偶発的なものかにかかわらず固体に力が加えられたときに生じる固体の変形や破損挙動を定量的に把握することが，固体を適切に利用していくためにとても重要である．このための学問分野は固体力学，材料力学，あるいは構造力学とよばれる．理想化された固体の性質と力学に基づいて体系化したものが固体力学である．また，固体の破損・破壊現象を力学的に解明することを主な課題とする学問分野は材料強度学である．材料力学は，固体力学と材料強度学を2本柱とする学問分野である．一方，材料に着目すると同時に構造物の形と変形挙動に着目するとき，構造力学という呼び方をする．しかし，固体力学，材料力学，あるいは構造力学がカバーする内容はそれぞれに拡大してきており，その範囲はかなり重なり合っている．そこで，本工学教程においては，伝統的な意味においてではなく，現代的な意味において三者のカバーする領域を総称する学問分野として，材料力学という名称を使うこととする．材料力学は工学のほぼすべての分野に及ぶ基盤的な学問分野である．

　材料力学Ⅰでは，本工学教程の材料力学において扱う材料力学の位置づけを明確にした上で，材料の変形を表す基本力学量，1次元問題として記述できる構造要素，棒の座屈，熱荷重と熱応力，材料強度，構造設計の基本的な考え方や基礎式などについて説明した．その目的は，材料力学に関する基本的な考え方を学ぶだけでなく，材料力学から始まる工学の広がり，奥深さ，面白さを学ぶきっかけとなることを目指した．

　材料力学Ⅱでは，材料力学Ⅰを基礎とした上で，材料力学を工学のさまざまな分野において，実用レベルで活用する際の必要な考え方と知識を説明する．具体的には，第2章では材料の一般的な変形を表す基本力学量について説明し，第3章では，材料の一般的な変形を支配する基礎式を説明する．第4章では，固体・流体・熱・連続体の関係について，物体の多様な様相，物体の運動を捉えるアプローチ，また，物理的，力学的関係と数学的関係について説明する．第5章では，実用問題においてしばしば現れる一般的な構造の基本要素として，厚肉の円筒と球，平板，殻の変形について説明する．第6章と第7章では，材料力学で扱う2種類の非線形性として，材料の変形に伴い生じる材料非線形性と幾何学的な

大変形に伴い生じる幾何学的非線形性の基本について説明する．第8章では熱応力と残留応力について一般的な多次元空間の問題として説明する．第9章では，材料強度論の基礎として応力集中概念について説明し，第10章では，材料力学を構造設計に適用するために必須の知識として，材料や構造の基本的な破損・破壊現象について説明する．具体的には，まず，破損・破壊現象の実現象の視点やミクロな視点について説明する．続いて，破損・破壊現象について，マクロな視点，力学的な視点について説明する．第11章では，複合材料の基本的な考え方とその変形特性に関わる基本的な知識について説明する．第12章では，材料力学の問題を一般的に解く解法の基礎について述べる．最後に，第13章では，材料力学と材料強度論を組み合わせて構造設計に応用するために必要な知識の枠組みとして，荷重の性質と評価法，設計基準，不確実性の扱いなどについて説明する．

　材料力学Ⅲでは，材料力学をさまざまな分野の先端的な問題において活用していくための橋渡しとして，非線形解析における応力とひずみ，材料非線形，幾何学的非線形と座屈，動的状態，非定常熱応力，境界非線形(接触)，材料強度論について，より詳しく説明する．最後に，材料力学Ⅰ，Ⅱではほとんど触れなかったさまざまな構造用材料の特性について，金属材料，セラミックス，高分子材料，複合材料，コンクリート，地盤材料について説明する．

　本工学教程では，刊行の趣旨に述べられているように，基本的にはⅠは基礎(2年生後半から3年生を対象)，Ⅱは専門基礎(4年生から大学院修士課程を対象)，Ⅲは専門(大学院修士課程を対象)としている．材料力学を学ぶ学生は工学部・工学系研究科では，建築・土木(社会基盤)，航空宇宙，機械，船舶海洋，原子力，資源(地球)，材料工学，応用物理，システム創成と幅広く，また，電気電子系や化学系でも，プラントやデバイスの設計や評価などで材料力学の知識を必要とする．また，それぞれの専門分野において，材料力学の各項目への重点の置き方も教える順番も異なる．さらに，材料力学を出発点として，周辺の学術分野へも幅広く展開する．

　以上のことから，材料力学Ⅰでは，どの専門分野を志向する学生であっても，この1冊で一応ほぼすべての観点を理解できるように内容を構成した．一方，材料力学を一般の専門(たとえば，機械，航空，建築・土木，原子力など)で使おうとする学生については，材料力学ⅠとⅡを連続して勉強することを勧める．ただし，専門分野の必要性に応じて，材料力学Ⅱの内容は部分的に読み飛ばしてもよ

い，という構成になっている．

　さらに，材料力学ⅠとⅡの内容だけでは，先端的な部分，たとえば有限要素法
による非線形解析や動的解析などを理解するには不十分であるので，そこへの橋
渡しとして材料力学Ⅲが準備されている．そのような要求を持つ読者は，材料力
学Ⅰ，Ⅱ，Ⅲを継続して学習することが必要となる．材料力学Ⅰ，Ⅱ，Ⅲを読み
進めた読者には，それぞれの専門分野において材料力学を活用するとともに，そ
の先に続くより広大で深遠な材料力学の世界を堪能して欲しい．

　なお，本書には基本理論と考え方をしっかりと記述しているので，別途演習を
通して理解を深めて欲しい．

1 材料力学における知識の構成

　工学教程『材料力学Ⅰ』の第1章において，本工学教程の材料力学が扱う範囲を定義した．材料力学Ⅱの本章では，そこに現れてくる具体的な知識の相互関係について示そう．

　まず，第2章では材料の一般的な変形を表す基本力学量について述べる．具体的には，力ベクトルとそれに対応する応力テンソル，変位ベクトルと変形に伴うゆがみを表現するひずみテンソル，変形に伴って固体内部に蓄えられるひずみエネルギーと各位置における密度を表すひずみエネルギー密度である．

　第3章では，材料の一般的な変形を支配する基礎式を述べる．そこで重要となるものは，変形する物体において力の釣合い，あるいは Newton（ニュートン）の第二法則（運動方程式）を表現する，応力の釣合い式と，表面力と内部の応力の釣合いを表現する Cauchy（コーシー）の式である．Cauchy の式を通して，表面力指定の境界条件が表現される．境界の変位を固定する変位条件から，変位指定の境界条件が表現される．応力の釣合い式，応力-ひずみ関係式（構成方程式），変位-ひずみ関係式（ひずみの定義式）から，ひずみと応力を消去すると，変位に関する2階の偏微分方程式（楕円型方程式[*1]）を導くことができる．基本的には，この2階の偏微分方程式を所定の境界条件のもとで解くことにより，固体の変形問題を解くことができる．なお，応力テンソルとひずみテンソル[*2] をつなぐ構成方程式に含まれる係数や具体的な関係式は，材料によって異なり，同じ材料でも温度などの環境によっても異なる．逆に言えば，材料としての特徴はこの構成方程式によってもっとも特徴的に表現されるのである．

　第4章では，固体・流体・熱・連続体の関係について述べる．ここで改めて，これらに共通する性質と，固体特有の性質について明らかにする．なお，併せて，数学的な観点と物理的な観点，力学的な観点についても説明する．

　第5章では，構造の基本要素と変形について述べる．固体そのものの基本的な性質（構成方程式や材料強度など）は，連続体力学の範囲では大きさや形に依存し

---

*1　工学教程『偏微分方程式』の2.2.3項を参考のこと．
*2　テンソルの厳密な定義については工学教程『ベクトル解析』の第2章を参照のこと．

ない．しかし，ある形を有する機械や構造物の部品や部材の，変形に関する性質は，同じ材料から構成されていても形が変われば異なってくる．そこで，頻繁に使用される基本的な構造要素については，その変形に関わる性質を明らかにしておき，その性質を活用することにより，変形の予測や，構造設計が行われる．本章では，そうした構造の基本要素として，工学教程『材料力学 I』では扱わなかった，厚肉の円筒と球，平板，殻（かく，シェル），について説明する．

　次に，材料力学で扱う非線形性には，材料の変形に伴い生じる材料非線形性と，形の大きな変化，すなわち幾何学的な大変形に伴い生じる幾何学的非線形性の 2 種類がある．第 6 章では，まず，1 次元問題を対象として，代表的な材料非線形現象である，塑性と繰り返し塑性，粘弾性，クリープ変形について説明する．これらの性質は，主に応力-ひずみ関係，すなわち構成方程式において考慮される．

　第 7 章では，1 次元問題を対象として，幾何学的非線形性を扱う．これには，生じるひずみ自身が大きくなる大ひずみと，細長い棒の大きなたわみや，ゴムのように大きく形が変わる問題が関係し，どちらもひずみ-変位関係式において考慮される．なお，より一般的な材料非線形性と幾何学的非線形性については，工学教程『材料力学 III』の第 2 章と第 3 章においてそれぞれ扱う．

　第 8 章では，材料力学 I でも少し扱った熱応力と残留応力について，改めてその基本的な性質を述べるとともに，より一般的な多次元空間の問題として扱う．

　第 9 章では，材料強度論の基礎として応力集中概念について説明し，第 10 章における破壊力学や設計論の学びにつなげる．

　第 10 章では，材料力学を構造設計に適用するために必須の知識として，材料や構造の基本的な破損・破壊現象について説明する．具体的には，まず，破損・破壊現象の実現象の視点やミクロな視点について説明する．続いて，破損・破壊現象について，マクロな視点，力学的な視点について説明する．この際には，き裂という，数学的には応力が無限大になる特異点となる現象や，さまざまな破壊形態についても説明する．

　これまでは，1 つの機械や構造物は 1 つの材料から構成される問題を無条件に扱ってきた．これは多くの場合に，機械や構造物を扱う際の基本的な条件として適用できるものである．しかし，現実には，複数の材料を組み合わせたり，あるいは混合することにより，単独の材料では達成し得ない優れた性質を有する機械や構造物をつくることができる．こうした材料を一般に複合材料とよぶ．身近なと

ころでは，テニスラケットのフレームやゴルフクラブのシャフト，モーターボートの船体のように，炭素繊維やガラス繊維を樹脂で含侵した炭素繊維複合材料，ガラス繊維複合材料が代表例である．第 11 章では，複合材料の基本的な考え方とその変形特性に関わる基本的な知識について述べる．

第 12 章では，材料力学の問題を一般的に解く解法の基礎について述べる．第 13 章では，材料力学と材料強度論を組み合わせて構造設計に応用するために必要な知識の枠組みとして，荷重の性質と評価法，設計基準，不確実性の扱いなどについて説明する．

最後に，材料力学では，ある程度ベクトルやテンソルに関する知識が必要になるので，本工学教程・材料力学を学ぶための数学的基礎として，工学教程『ベクトル解析』の勉強を推奨する．

2　材料の一般的な変形を表す基本力学量

2.1　応力ベクトルと応力テンソル

　応力を定義する際に，物体内の切断面に作用する内力を考える．図 2.1 に示す力 F を受ける一様断面棒中に発生するような単純な応力場では，内力は物体内で均一であるが，一般には内力は場所によって異なり，応力も分布する．したがって，単純に断面を切断して応力を定義する方法は一般的ではない．

　より一般化した応力の定義のために，図 2.1 のように，物体内の仮想断面で切断された微小な体積を概念的に考える．この微小な体積の大きさは無限に小さいと考える．この仮想断面で囲まれた領域を**物質点**とよぶ．点と表現しているが，実際には，0 次元の点ではなく，限りなく体積がゼロに近い，概念的な点である．物体の変形や応力，ひずみの概念を扱うためには必要な概念である．

　この物質点の微小な面積 ds に作用する内力ベクトルが d$\boldsymbol{f}$ であるとき，**応力ベクトル**（分布力ベクトル）は式(2.1)のように定義される．これは，内力ベクトルを微小な面積で割った d$s \to 0$ の極限値である．応力ベクトルは，面に作用する力であることから**面力**ともよばれる．

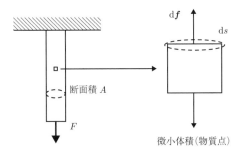

図 2.1　力 F を受ける一様断面棒中の微小体積（物質点）

$$t = \frac{\mathrm{d}\boldsymbol{f}}{\mathrm{d}s} \quad (\mathrm{d}s \to 0) \tag{2.1}$$

いま均一な応力場のもと，ある物質点で，図 2.2 のように法線方向が x_1 方向の面 $(\boldsymbol{e}_1 = (1, 0, 0))$ に作用する応力ベクトルが $\boldsymbol{t}(\boldsymbol{e}_1)$，法線方向が x_2 方向の面 $(\boldsymbol{e}_2 = (0, 1, 0))$ に作用する応力ベクトルが $\boldsymbol{t}(\boldsymbol{e}_2)$ であったとする．ここで，$\boldsymbol{e}_1$，$\boldsymbol{e}_2$ はそれぞれ x_1，x_2 方向の単位ベクトルである．この応力ベクトル $\boldsymbol{t}(\boldsymbol{e}_1)$，$\boldsymbol{t}(\boldsymbol{e}_2)$ を，式 (2.2) のように，面に垂直成分とせん断成分に分解する（図 2.2 参照）．ここで，σ の 2 つの添え字は，面の法線方向と力の方向を表す．

$$\begin{aligned} \boldsymbol{t}(\boldsymbol{e}_1) &= \sigma_{11}\boldsymbol{e}_1 + \sigma_{12}\boldsymbol{e}_2 \\ \boldsymbol{t}(\boldsymbol{e}_2) &= \sigma_{21}\boldsymbol{e}_1 + \sigma_{22}\boldsymbol{e}_2 \end{aligned} \tag{2.2}$$

式 (2.2) を行列表示すると，式 (2.3) と書くことができる．

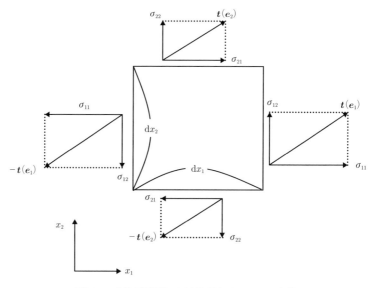

図 **2.2** 2 次元空間における応力テンソルの定義

$$\underbrace{\begin{Bmatrix} t_1(\boldsymbol{e}_1) \\ t_2(\boldsymbol{e}_1) \end{Bmatrix}}_{\boldsymbol{t}(\boldsymbol{e}_1)} = \underbrace{\begin{bmatrix} \sigma_{11} & \sigma_{21} \\ \sigma_{12} & \sigma_{22} \end{bmatrix}}_{\sigma^T} \underbrace{\begin{Bmatrix} 1 \\ 0 \end{Bmatrix}}_{\boldsymbol{e}_1} = \begin{Bmatrix} \sigma_{11} \\ \sigma_{12} \end{Bmatrix}$$

$$\underbrace{\begin{Bmatrix} t_1(\boldsymbol{e}_2) \\ t_2(\boldsymbol{e}_2) \end{Bmatrix}}_{\boldsymbol{t}(\boldsymbol{e}_2)} = \underbrace{\begin{bmatrix} \sigma_{11} & \sigma_{21} \\ \sigma_{12} & \sigma_{22} \end{bmatrix}}_{\sigma^T} \underbrace{\begin{Bmatrix} 0 \\ 1 \end{Bmatrix}}_{\boldsymbol{e}_2} = \begin{Bmatrix} \sigma_{21} \\ \sigma_{22} \end{Bmatrix} \tag{2.3}$$

　このような，面の法線方向ベクトル $\boldsymbol{e}_1$ を線形変換して $(\boldsymbol{\sigma}^T \cdot \boldsymbol{e}_1)$，応力ベクトル $\boldsymbol{t}(\boldsymbol{e}_1)$ を生じるものを**応力テンソル $\boldsymbol{\sigma}$** とよび，一般にマトリックスで表記される．

　ここで，応力テンソルの各成分の正負の符号のとり方は，図2.2 に示すように定義される．つまり，正の面には正方向をとり，負の面には負の方向をとる．また，微小体積（物質点）に関する角運動量の保存則から，σ_{ij} は対称，つまり $\sigma_{ij}=\sigma_{ji}$ となる必要がある．

　式(2.3)の関係は任意の単位法線ベクトル $\boldsymbol{n}$ の面についても成り立ち，式(2.4)のように書ける．

$$\boldsymbol{t}(\boldsymbol{n})=\boldsymbol{\sigma}^T\cdot\boldsymbol{n} \tag{2.4}$$

この式を **Cauchy（コーシー）の公式**とよぶ．

　このような応力テンソルの定義によると，どのような切断面を設定するのか，つまり物質点の座標系の選び方によって，応力の成分の値が変わってしまう．このような，ある座標系から異なる座標系への変換を**座標変換**とよぶ．

　材料力学や弾性論において，応力の座標変換にはさまざまな種類の説明がなされるが，ここでは数学的取り扱いのみを述べる．基底 $\boldsymbol{e}=(\boldsymbol{e}_1, \boldsymbol{e}_2, \boldsymbol{e}_3)$ の座標系から，基底が xy 面，すなわち z 軸周りに θ（反時計回りを正とする）だけ回転した $\boldsymbol{e}'=(\boldsymbol{e}_1', \boldsymbol{e}_2', \boldsymbol{e}_3')$ の座標系への応力テンソルの座標変換は，式(2.5)のような座標変換行列 $[P]$（回転行列 $[R]$ の転置 $[P]=[R]^T$）が 2 回作用した式になる．

$$\begin{bmatrix} \sigma_{11}' & \sigma_{12}' & \sigma_{13}' \\ \sigma_{12}' & \sigma_{22}' & \sigma_{23}' \\ \sigma_{13}' & \sigma_{23}' & \sigma_{33}' \end{bmatrix} = \underbrace{\begin{bmatrix} e_1' \cdot e_1 & e_1' \cdot e_2 & e_1' \cdot e_3 \\ e_2' \cdot e_1 & e_2' \cdot e_2 & e_2' \cdot e_3 \\ e_3' \cdot e_1 & e_3' \cdot e_2 & e_3' \cdot e_3 \end{bmatrix}}_{[P]} \underbrace{\begin{bmatrix} \sigma_{11} & \sigma_{12} & \sigma_{13} \\ \sigma_{12} & \sigma_{22} & \sigma_{23} \\ \sigma_{13} & \sigma_{23} & \sigma_{33} \end{bmatrix}}_{[\sigma]} \underbrace{\begin{bmatrix} e_1' \cdot e_1 & e_2' \cdot e_1 & e_3' \cdot e_1 \\ e_1' \cdot e_2 & e_2' \cdot e_2 & e_3' \cdot e_2 \\ e_1' \cdot e_3 & e_2' \cdot e_3 & e_3' \cdot e_3 \end{bmatrix}}_{[P]^T}$$

$$\tag{2.5}$$

上式は 2 次元の場合は，式(2.6)となる．

$$\begin{bmatrix} \sigma_{11}' & \sigma_{12}' \\ \sigma_{21}' & \sigma_{22}' \end{bmatrix} = \begin{bmatrix} \cos\theta & \sin\theta \\ -\sin\theta & \cos\theta \end{bmatrix} \begin{bmatrix} \sigma_{11} & \sigma_{12} \\ \sigma_{21} & \sigma_{22} \end{bmatrix} \begin{bmatrix} \cos\theta & -\sin\theta \\ \sin\theta & \cos\theta \end{bmatrix} \tag{2.6}$$

これを実際に計算してみると式(2.7)となる．

$$\sigma_{11}' = \sigma_{11}\cos^2\theta + 2\sigma_{12}\sin\theta\cos\theta + \sigma_{22}\sin^2\theta$$
$$= \frac{1}{2}(\sigma_{11}+\sigma_{22}) + \frac{1}{2}(\sigma_{11}-\sigma_{22})\cos 2\theta + \sigma_{12}\sin 2\theta \tag{2.7a}$$

$$\sigma_{12}' = -\sigma_{11}\cos\theta\sin\theta + \sigma_{12}(\cos^2\theta - \sin^2\theta) + \sigma_{22}\sin\theta\cos\theta$$
$$= -\frac{1}{2}(\sigma_{11}-\sigma_{22})\sin 2\theta + \sigma_{12}\cos 2\theta \tag{2.7b}$$

$$\sigma_{22}' = \sigma_{11}\sin^2\theta - 2\sigma_{12}\sin\theta\cos\theta + \sigma_{22}\cos^2\theta$$
$$= \frac{1}{2}(\sigma_{11}+\sigma_{22}) - \frac{1}{2}(\sigma_{11}-\sigma_{22})\cos 2\theta - \sigma_{12}\sin 2\theta \tag{2.7c}$$

　応力テンソルは基底の選び方によっては，せん断応力がゼロになる座標系が存在する．これは，式(2.7b)の σ_{12}' がゼロになるということなので，

$$\tan 2\theta_0 = \frac{2\sigma_{12}}{\sigma_{11}-\sigma_{22}} \tag{2.8}$$

を満たす θ_0 がせん断応力がゼロになる座標系となる．

　ところで，式(2.7a)，(2.7c)を θ で微分した値に式(2.8)を代入すると，式(2.9)が得られ，これを解いて得られる σ_{11}'，σ_{22}' は θ_0 において，最大もしくは最小になることがわかる．

$$\left.\frac{\partial \sigma_{11}'}{\partial \theta}\right|_{\theta=\theta_0} = -(\sigma_{11}-\sigma_{22})\sin 2\theta_0 + 2\sigma_{12}\cos 2\theta_0 = 0$$

$$\left.\frac{\partial \sigma_{22}'}{\partial \theta}\right|_{\theta=\theta_0} = (\sigma_{11}-\sigma_{22})\sin 2\theta_0 - 2\sigma_{12}\cos 2\theta_0 = 0$$

(2.9)

このせん断応力がゼロになる座標系における垂直応力 σ_{11}', σ_{22}' を**主応力**とよび，引張りを正とし，1番大きな成分を第1主応力 σ_1，2番目に大きな成分を第2主応力 σ_2 とよぶ．実は，主応力は座標系の選び方に依存しない量であり，**不変量**とよばれる．

　数学的には，主応力は応力テンソルの主値（固有値）であり，主応力の方向は応力テンソルの主軸（固有ベクトル）に対応する．

　式(2.10)で表されるスカラー量は **Mises**（ミーゼス）**相当応力**とよばれる．式(2.10a)は主応力のみによって表されているので，主応力同様に座標系の選び方に依存しない不変量である．

$$\sigma_{\mathrm{Mises}} = \sqrt{\frac{1}{2}\{(\sigma_1-\sigma_2)^2 + (\sigma_2-\sigma_3)^2 + (\sigma_1-\sigma_3)^2\}}$$

(2.10a)

$$\sigma_{\mathrm{Mises}} = \sqrt{\frac{1}{2}\{(\sigma_{11}-\sigma_{22})^2 + (\sigma_{22}-\sigma_{33})^2 + (\sigma_{11}-\sigma_{33})^2\} + 3(\tau_{12}{}^2 + \tau_{23}{}^2 + \tau_{13}{}^2)}$$

(2.10b)

第6章で改めて述べるが，Mises 相当応力は応力の偏差成分（せん断応力）に基づく強さを表す指標であり，材料の中の転位[*1]の駆動力がせん断応力であるため，材料の降伏応力と対応するとされている．

　以上述べてきたように，一般には応力テンソルの各成分の値は，座標系の選び方に依存するため，特定の座標系で測られる個々の成分の値を強度評価に用いるべきではない．主応力や Mises 相当応力などの座標系の選び方に依存しない不変量に基づく指標を議論することが大切となる．

2.2　変位ベクトルとひずみテンソル

ひずみテンソルは式(2.11)で定義される．

---

*1　転位については，10.1.2節で少し触れるが，工学教程『材料力学Ⅲ』の7.1節で詳述する．

$$\varepsilon_{ij}=\frac{1}{2}\left(\frac{\partial u_i}{\partial x_j}+\frac{\partial u_j}{\partial x_i}\right)\quad(i,j=1,2,3)\tag{2.11}$$

ここで, ひずみテンソルの成分の物理的意味を考える. 図2.3に示すような2次元の場合に, 点線の微小要素 ABCD が, 変形後に実線のような形状 A′B′C′D′ に変化する場合を考える. すなわち, A 点 $(0, 0)$ は A′ 点 $(u_1(x_1=0, x_2=0),$ $u_2(x_1=0, x_2=0))$ へ変位する. また, B 点 $(\mathrm{d}x_1, 0)$ は B′ 点 $(\mathrm{d}x_1+u_1+(\partial u_1/\partial x_1)$ $\mathrm{d}x_1, u_2+(\partial u_2/\partial x_1)\mathrm{d}x_1)$ へ, C 点 $(0, \mathrm{d}x_2)$ は C′ 点 $(u_1+(\partial u_1/\partial x_2)\mathrm{d}x_2, \mathrm{d}x_2+u_2+(\partial u_2/$ $\partial x_2)\mathrm{d}x_2)$ へ, D 点 $(\mathrm{d}x_1, \mathrm{d}x_2)$ は D′ 点 $(\mathrm{d}x_1+u_1+(\partial u_1/\partial x_1)\mathrm{d}x_1+(\partial u_1/\partial x_2)\mathrm{d}x_2, \mathrm{d}x_2$ $+u_2+(\partial u_2/\partial x_1)\mathrm{d}x_1+(\partial u_2/\partial x_2)\mathrm{d}x_2)$ へ, 変位する場合を考える.

ひずみテンソルの成分 ε_{11} は, x_1 方向の垂直ひずみに相当する. すなわち, AB の長さの変化は $((\partial u_1/\partial x_1)\,\mathrm{d}x_1+\mathrm{d}x_1)-\mathrm{d}x_1=(\partial u_1/\partial x_1)\,\mathrm{d}x$ となる. ただし, ここで角度 φ, θ の影響は2次の微小項となるので無視した(微小変形理論). これより, 長さの変化を単位長さあたりに換算して, x_1 方向の垂直ひずみが次式のように得られる.

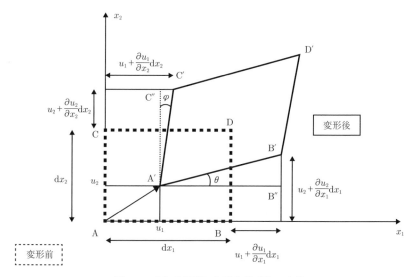

図 **2.3**　2次元空間におけるひずみの定義

$$\varepsilon_{11} = \left(\frac{\partial u_1}{\partial x_1} dx_1\right) \Big/ dx_1 = \frac{\partial u_1}{\partial x_1} \tag{2.12}$$

同様に，ひずみテンソルの成分 ε_{22} は，x_2 方向の垂直ひずみに相当する.

$$\varepsilon_{22} = \left(\frac{\partial u_2}{\partial x_2} dx_2\right) \Big/ dx_2 = \frac{\partial u_2}{\partial x_2} \tag{2.13}$$

ひずみテンソルの成分 ε_{12} は，角 BAC の変化の 1/2 に相当する．ここで，$d\boldsymbol{u} \ll d\boldsymbol{x}$ として，$\theta = \tan(\mathrm{B'B''/A'B''}) \approx \partial u_2/\partial x_1$，$\varphi = \tan(\mathrm{C'C''/A'C''}) \approx \partial u_1/\partial x_2$ より，

$$\varepsilon_{12} = \varepsilon_{21} = \frac{1}{2}\left(\frac{\partial u_1}{\partial x_2} + \frac{\partial u_2}{\partial x_1}\right) \cong \frac{1}{2}(\tan\varphi + \tan\theta) \cong \frac{1}{2}(\varphi + \theta) \tag{2.14}$$

となる．なお，工学的にしばしば用いられる**工学せん断ひずみ** γ_{12} は角度の変化で定義されるため，$\gamma_{12} = 2\varepsilon_{12} = \varphi + \theta$ の関係がある．座標変換を行う場合は，ひずみテンソルの定義を使う．工学せん断ひずみを使って座標変換を行わないように注意が必要である.

　ひずみテンソルも応力と同じくテンソル量であり，応力と同じように座標変換を行うことができる.

　なお，本書の以降の章においてもそうだが，一般に，応力の表記において垂直応力成分とせん断応力成分を識別し易くする目的で，垂直応力成分を σ，せん断応力成分を τ で表記する場合がある．同様に，ひずみの表記においても垂直ひずみ成分を ε，せん断ひずみ成分を γ で表記する場合がある．ただし，後者の場合には，せん断ひずみ成分の ε と工学せん断ひずみ成分 γ には上記の 2 倍の差があることに注意を要する．また，本章では，座標系として (x_1, x_2, x_3) 表記を行い，対応する応力成分やひずみ成分，変位成分を σ_{ij}, ε_{ij}, u_i と表記した．しかし，一般に，座標系として (x, y, z) を採用する場合には，対応する応力成分とひずみ成分，変位成分をそれぞれ σ_{xx}, σ_{xy}, ε_{xx}, ε_{xy}, u, v, w などと表記するケースも多い．さらに，垂直成分は σ_x, ε_x などインデックスを簡略化する場合も多い．したがって，各変数のインデックス表記は座標系の表記法に依存することを念頭において理解するようにして欲しい.

2.3　ひずみエネルギー

図 2.4 のような線形弾性体の一軸の応力場において，**ひずみエネルギー**は，式
(2.15)のような応力とひずみの積で定義できる．ここで V は体積である．

$$W = \frac{1}{2}\sigma\varepsilon V \tag{2.15}$$

ひずみエネルギー密度 w とは，単位体積あたりのひずみエネルギーとして式
(2.16)で定義できる．

$$w = \frac{1}{2}\sigma\varepsilon = \frac{\sigma^2}{2E} \tag{2.16}$$

E は **Young**(ヤング)**率**(縦弾性係数)である．これは図 2.4 の右図の斜線で示し
た面積に相当する．ひずみエネルギーの概念はせん断変形も同様であり，

$$w = \frac{1}{2}\tau\gamma = \frac{\tau^2}{2G} \tag{2.17}$$

が得られる．ここで，τ はせん断応力，γ は工学せん断ひずみ，G は**横弾性係数**
である．3 次元の組み合わせ応力では，ひずみエネルギー密度は式(2.18)となる．

$$w = \frac{1}{2}(\sigma_{11}\varepsilon_{11} + \sigma_{22}\varepsilon_{22} + \sigma_{33}\varepsilon_{33} + \tau_{12}\gamma_{12} + \tau_{13}\gamma_{13} + \tau_{23}\gamma_{23}) \tag{2.18}$$

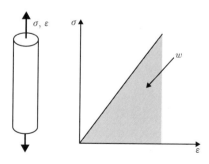

図 2.4　ひずみエネルギーの定義

3 材料の一般的な変形を支配する基礎式

3.1 一般的な応力-ひずみ関係(構成方程式)

3.1.1 3次元等方弾性体

応力テンソルはひずみテンソルと1対1の関係がある.この関係を,構成式あるいは**構成方程式**(**Hooke**(フック)**の法則**)とよぶ.もし,材料が等方性ならば,応力とひずみの関係は,式(3.1)の**一般化 Hooke 則**で書くことができる.

$$\varepsilon_{11}=\frac{\sigma_{11}}{E}-\frac{\nu}{E}(\sigma_{22}+\sigma_{33}), \quad \varepsilon_{22}=\frac{\sigma_{22}}{E}-\frac{\nu}{E}(\sigma_{11}+\sigma_{33}), \quad \varepsilon_{33}=\frac{\sigma_{33}}{E}-\frac{\nu}{E}(\sigma_{11}+\sigma_{22})$$

$$\gamma_{12}=\frac{\tau_{12}}{G}, \quad \gamma_{23}=\frac{\tau_{23}}{G}, \quad \gamma_{13}=\frac{\tau_{13}}{G} \tag{3.1}$$

ただし,$G=E/2(1+\nu)$である.

ここで,E は Young 率,G は横弾性係数,ν は **Poisson**(ポアソン)**比**である.各応力成分とひずみ成分が1対1に対応するわけではないことに注意が必要である.たとえば,x_3 方向の単軸引張りの場合,応力場は $(\sigma_{11}, \sigma_{22}, \sigma_{33})=(0, 0, \sigma)$ となるが,ひずみは,$(\varepsilon_{11}, \varepsilon_{22}, \varepsilon_{33})=(-\nu\sigma/E, -\nu\sigma/E, \sigma/E)$ となり,x_3 方向以外の成分がゼロにはならない.これは,引張り時に,引張り方向に対して垂直な方向へ縮むことを示している.

式(3.1)を応力が左辺になるように書くと,式(3.2)が得られる.

$$\sigma_{11}=\frac{E}{(1+\nu)(1-2\nu)}\{(1-\nu)\varepsilon_{11}+\nu(\varepsilon_{22}+\varepsilon_{33})\}$$

$$\sigma_{22}=\frac{E}{(1+\nu)(1-2\nu)}\{(1-\nu)\varepsilon_{22}+\nu(\varepsilon_{33}+\varepsilon_{11})\}$$

$$\sigma_{33}=\frac{E}{(1+\nu)(1-2\nu)}\{(1-\nu)\varepsilon_{33}+\nu(\varepsilon_{11}+\varepsilon_{22})\} \tag{3.2}$$

$$\tau_{12}=G\gamma_{12}, \quad \tau_{23}=G\gamma_{23}, \quad \tau_{13}=G\gamma_{13}$$

　式(3.1)と同様に，ひずみがゼロの方向でも応力が生じることがある．たとえば，x_3 方向のみにひずみをかけた場合，ひずみ場は $(\varepsilon_{11}, \varepsilon_{22}, \varepsilon_{33}) = (0, 0, \varepsilon)$ となるが，応力は $(\sigma_{11}, \sigma_{22}, \sigma_{33}) = (\nu E\varepsilon/(1+\nu)(1-2\nu), \nu E\varepsilon/(1+\nu)(1-2\nu), (1-\nu)E\varepsilon/(1+\nu)(1-2\nu))$ となり，x_3 方向以外の成分がゼロにはならない．これは，引張り時に，引張り方向に対して垂直な方向へは縮もうとするが，その方向の変形が拘束されているため，引張り応力が生じるためである．

3.1.2　異方性弾性体

　数学的な弾性定数(弾性係数ともいう)の定義は，ひずみテンソルと応力テンソルを結びつける 4 階のテンソルであり，c_{ijkl} と表記される $3 \times 3 \times 3 \times 3$ の 81 成分の量である．しかし，せん断応力の対称性などの条件を考慮すると，$c_{1212} = c_{2121}$ などの条件から，独立な弾性定数は 36 個になる．さらに表記においては，$11 \to 1$，$22 \to 2$，$33 \to 3$，$23 \to 4$，$13 \to 5$，$12 \to 6$ として，たとえば，$c_{1122} = C_{12}$，$c_{1212} = C_{66}$ などとした 6×6 の**弾性定数マトリックス**により，式(3.3)のように応力-ひずみ関係を表現することが多い．

$$
\begin{Bmatrix} \sigma_{11} \\ \sigma_{22} \\ \sigma_{33} \\ \sigma_{23} \\ \sigma_{13} \\ \sigma_{12} \end{Bmatrix} =
\begin{bmatrix}
C_{11} & C_{12} & C_{13} & C_{14} & C_{15} & C_{16} \\
C_{21} & C_{22} & C_{23} & C_{24} & C_{25} & C_{26} \\
C_{31} & C_{32} & C_{33} & C_{34} & C_{35} & C_{36} \\
C_{41} & C_{42} & C_{43} & C_{44} & C_{45} & C_{46} \\
C_{51} & C_{52} & C_{53} & C_{54} & C_{55} & C_{56} \\
C_{61} & C_{62} & C_{63} & C_{64} & C_{65} & C_{66}
\end{bmatrix}
\begin{Bmatrix} \varepsilon_{11} \\ \varepsilon_{22} \\ \varepsilon_{33} \\ \varepsilon_{23} \\ \varepsilon_{13} \\ \varepsilon_{12} \end{Bmatrix}
\tag{3.3}
$$

　実際には 36 個すべてが独立ではなく，$C_{ij} = C_{ji}$ の関係が成り立つため，独立した弾性定数は 21 個で，弾性定数マトリックスは式(3.4)のように対称になる．

$$
\begin{bmatrix}
C_{11} & C_{12} & C_{13} & C_{14} & C_{15} & C_{16} \\
C_{12} & C_{22} & C_{23} & C_{24} & C_{25} & C_{26} \\
C_{13} & C_{23} & C_{33} & C_{34} & C_{35} & C_{36} \\
C_{14} & C_{24} & C_{34} & C_{44} & C_{45} & C_{46} \\
C_{15} & C_{25} & C_{35} & C_{45} & C_{55} & C_{56} \\
C_{16} & C_{26} & C_{36} & C_{46} & C_{56} & C_{66}
\end{bmatrix}
\tag{3.4}
$$

　一般には，材料には何らかの対称性が存在し，さらに少ない数の弾性定数で表すことができる．いま，ある軸の周りに $2\pi/n$ だけ回転しても C_{ij} が変わらないとき，その軸を n 次の対称軸という．たとえば，x_3 軸が 2 次の対称軸(x_3 軸の周りに 180°回転させても変わらない)の場合，弾性定数マトリックスは式(3.5)のようになり，独立な弾性定数は 13 個となる．

$$\begin{bmatrix} C_{11} & C_{12} & C_{13} & 0 & 0 & C_{16} \\ & C_{22} & C_{23} & 0 & 0 & C_{26} \\ & & C_{33} & 0 & 0 & C_{36} \\ & & & C_{44} & C_{45} & 0 \\ & 対称 & & & C_{55} & 0 \\ & & & & & C_{66} \end{bmatrix} \tag{3.5}$$

　x_3 軸に加え，x_1 軸が 2 次の対称軸の場合，x_2 軸も 2 次の対称軸となり，弾性定数マトリックスは式(3.6)のようになり，独立した弾性定数は 9 個となる．このような 3 直交方向が 2 次の対称軸である場合を**直交異方性**とよぶ．

$$\begin{bmatrix} C_{11} & C_{12} & C_{13} & 0 & 0 & 0 \\ & C_{22} & C_{23} & 0 & 0 & 0 \\ & & C_{33} & 0 & 0 & 0 \\ & & & C_{44} & 0 & 0 \\ & 対称 & & & C_{55} & 0 \\ & & & & & C_{66} \end{bmatrix} \tag{3.6}$$

　x_3 軸，x_1 軸が 4 次の対称軸の場合は，弾性定数マトリックスは式(3.7)のようになり，独立な弾性定数は 3 個となる．

$$\begin{bmatrix} C_{11} & C_{12} & C_{12} & 0 & 0 & 0 \\ & C_{11} & C_{12} & 0 & 0 & 0 \\ & & C_{11} & 0 & 0 & 0 \\ & & & C_{66} & 0 & 0 \\ & 対称 & & & C_{66} & 0 \\ & & & & & C_{66} \end{bmatrix} \tag{3.7}$$

弾性的性質がどの方向にも違わない場合は，3.1.1 項で説明した等方性である

という. このとき, 独立した弾性定数は 2 個となり, 式 (3.7) において, $-C_{11}+C_{12}+2C_{66}=0$ が成り立つ. また, Young 率と弾性定数の間には, 式 (3.8) の関係が成り立つ. S_{ij} はコンプライアンスマトリックスとよばれる.

$$E=\frac{1}{S_{11}}, \quad \nu=-\frac{S_{12}}{S_{11}}, \quad G=\frac{1}{S_{66}}$$

$$S_{11}=\frac{C_{11}+C_{12}}{(C_{11}-C_{12})(C_{11}+2C_{12})}, \quad S_{12}=\frac{-C_{12}}{(C_{11}-C_{12})(C_{11}+2C_{12})}, \quad S_{66}=\frac{1}{C_{66}} \tag{3.8}$$

3.2 応力の釣合い式

工学教程『材料力学 I』の 2.2.2 項で述べたように, 2 次元平面問題において微小長方形 (大きさは $\Delta x_1 \times \Delta x_2 \times h$, h は厚み) に作用する応力が満たすべき条件について考えてみよう. 一般に, 微小長方形には 4 面に作用する応力 σ_{ij} に加えて, 内部に**物体力** (body force) $\overline{F_i}$, $(i=1,2)$ (単位は N/m^3) が作用し, その結果として加速度が生じる. 微小長方形の中心点の移動量ベクトル (**変位ベクトル**とよばれる) を u_i, $(i=1,2)$ (単位は m) とおくと, その時間に関する 2 階微分 $\mathrm{d}^2 u_i/\mathrm{d}t^2$ (単位は m/sec^2) が加速度ベクトルを表す. また, 質量密度を ρ (kg/m^3) とおくと微小長方形の質量は $\rho h \Delta x_1 \Delta x_2$ と表される. 上付きの $-$ はその量が外部から独立に付与される量であることを示す. 代表的な物体力 (**体積力**ともよばれる) には重力や電磁力がある.

微小長方形の x_1 方向の運動に関して Newton (ニュートン) の第二法則を適用すると, 最終的に次式が得られる.

$$\frac{\partial \sigma_{11}}{\partial x_1}+\frac{\partial \sigma_{21}}{\partial x_2}+\overline{F_1}-\rho\frac{\mathrm{d}^2 u_1}{\mathrm{d}t^2}=0 \tag{3.9a}$$

x_2 方向についても同様に考えると

$$\frac{\partial \sigma_{12}}{\partial x_1}+\frac{\partial \sigma_{22}}{\partial x_2}+\overline{F_2}-\rho\frac{\mathrm{d}^2 u_2}{\mathrm{d}t^2}=0 \tag{3.9b}$$

が得られる. 以上をまとめると, **応力の釣合い式** (応力の平衡方程式ともよばれる) を次のように書くことができる.

$$\sum_{j=1}^{2}\frac{\partial \sigma_{ji}}{\partial x_j}+\overline{F}_i-\rho\frac{\mathrm{d}^2 u_i}{\mathrm{d}t^2}=0,\quad i=1,2 \tag{3.10a}$$

応力の対称性を考慮すれば上式は次のようにも書ける.

$$\sum_{j=1}^{2}\frac{\partial \sigma_{ij}}{\partial x_j}+\overline{F}_i-\rho\frac{\mathrm{d}^2 u_i}{\mathrm{d}t^2}=0,\quad i=1,2 \tag{3.10b}$$

上式は一般的な 3 次元物体では次式のように書ける.

$$\sum_{j=1}^{3}\frac{\partial \sigma_{ij}}{\partial x_j}+\overline{F}_i-\rho\frac{\mathrm{d}^2 u_i}{\mathrm{d}t^2}=0,\quad i=1,2,3 \tag{3.11}$$

3.3　ひずみの適合条件

　3 次元のひずみの定義式 (2.11) $(i, j=1, 2, 3)$ を積分して変位を得ることを考えると, 得られる方程式は 3 次元では 6 個となるため, 3 成分しかない変位場 (u_1, u_2, u_3) を一価に定めることができない. これは式 (2.11) が冗長であるからであり, ひずみが満たさなければならない条件が存在する. この条件を**ひずみの適合条件式**という.

　ひずみの適合条件式とは, ひずみ $(\varepsilon_{11}, \varepsilon_{22}, \varepsilon_{33}, \gamma_{23}, \gamma_{13}, \gamma_{12})$ が与えられたときに, 一価の変位 (u_1, u_2, u_3) が求まるための必要十分条件であり, ひずみの定義式から変位場を消去することにより, 式 (3.12) で与えられる.

$$\begin{cases}\dfrac{\partial^2 \varepsilon_{11}}{\partial x_2{}^2}+\dfrac{\partial^2 \varepsilon_{22}}{\partial x_1{}^2}=\dfrac{\partial^2 \gamma_{12}}{\partial x_1 \partial x_2}\\[2mm]\dfrac{\partial^2 \varepsilon_{22}}{\partial x_3{}^2}+\dfrac{\partial^2 \varepsilon_{33}}{\partial x_2{}^2}=\dfrac{\partial^2 \gamma_{23}}{\partial x_2 \partial x_3}\\[2mm]\dfrac{\partial^2 \varepsilon_{33}}{\partial x_1{}^2}+\dfrac{\partial^2 \varepsilon_{11}}{\partial x_3{}^2}=\dfrac{\partial^2 \gamma_{13}}{\partial x_3 \partial x_1}\\[2mm]2\dfrac{\partial^2 \varepsilon_{11}}{\partial x_2 \partial x_3}=\dfrac{\partial}{\partial x_1}\left(-\dfrac{\partial \gamma_{23}}{\partial x_1}+\dfrac{\partial \gamma_{13}}{\partial x_2}+\dfrac{\partial \gamma_{12}}{\partial x_3}\right)\\[2mm]2\dfrac{\partial^2 \varepsilon_{22}}{\partial x_3 \partial x_1}=\dfrac{\partial}{\partial x_2}\left(\dfrac{\partial \gamma_{23}}{\partial x_1}-\dfrac{\partial \gamma_{13}}{\partial x_2}+\dfrac{\partial \gamma_{12}}{\partial x_3}\right)\\[2mm]2\dfrac{\partial^2 \varepsilon_{33}}{\partial x_1 \partial x_2}=\dfrac{\partial}{\partial x_3}\left(\dfrac{\partial \gamma_{23}}{\partial x_1}+\dfrac{\partial \gamma_{13}}{\partial x_2}-\dfrac{\partial \gamma_{12}}{\partial x_3}\right)\end{cases} \tag{3.12}$$

3.4 平面問題の応力-ひずみ関係

3次元の応力場を2次元の応力場で近似する場合について述べる。これは簡単な材料力学の見積もりや有限要素法でよく使われる。

2次元平面応力場近似は，図3.1(a)のように，板厚が薄く，板厚方向の応力がゼロになるような構造物に使われる近似であり，$\sigma_{33}=\tau_{13}=\tau_{23}=0$ が仮定され，等方線形弾性体の応力とひずみの関係は式(3.13)，(3.14)のように表される。

$$\begin{Bmatrix} \sigma_{11} \\ \sigma_{22} \\ \tau_{12} \end{Bmatrix} = \frac{E}{1-\nu^2} \begin{bmatrix} 1 & \nu & 0 \\ \nu & 1 & 0 \\ 0 & 0 & \dfrac{1-\nu}{2} \end{bmatrix} \begin{Bmatrix} \varepsilon_{11} \\ \varepsilon_{22} \\ \gamma_{12} \end{Bmatrix}, \quad \sigma_{33} \equiv 0 \tag{3.13}$$

$$\begin{Bmatrix} \varepsilon_{11} \\ \varepsilon_{22} \\ \gamma_{12} \end{Bmatrix} = \frac{1}{E} \begin{bmatrix} 1 & -\nu & 0 \\ -\nu & 1 & 0 \\ 0 & 0 & 2(1+\nu) \end{bmatrix} \begin{Bmatrix} \sigma_{11} \\ \sigma_{22} \\ \tau_{12} \end{Bmatrix}, \quad \varepsilon_{33} = -\frac{\nu}{E}(\sigma_{11}+\sigma_{22}) \tag{3.14}$$

2次元平面ひずみ場近似の場合は，平面応力場近似とは逆に，図3.1(b)のように x_3 方向に長く，x_3 方向の変形が拘束されてしまう場合に用いる近似であり，$\varepsilon_{33}=\gamma_{13}=\gamma_{23}=0$ と仮定され，応力とひずみの関係は式(3.15)，(3.16)のように表される。

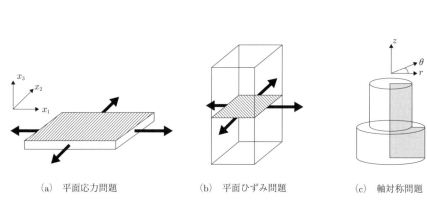

(a) 平面応力問題   (b) 平面ひずみ問題   (c) 軸対称問題

図 3.1 よく用いられる2次元モデル化

$$\begin{Bmatrix} \sigma_{11} \\ \sigma_{22} \\ \tau_{12} \end{Bmatrix} = \frac{E(1-\nu)}{(1+\nu)(1-2\nu)} \begin{bmatrix} 1 & \dfrac{\nu}{1-\nu} & 0 \\ \dfrac{\nu}{1-\nu} & 1 & 0 \\ 0 & 0 & \dfrac{(1-2\nu)}{2(1-\nu)} \end{bmatrix} \begin{Bmatrix} \varepsilon_{11} \\ \varepsilon_{22} \\ \gamma_{12} \end{Bmatrix}, \tag{3.15}$$

$$\sigma_{33} = \frac{E\nu}{(1+\nu)(1-2\nu)}(\varepsilon_{11}+\varepsilon_{22})$$

$$\begin{Bmatrix} \varepsilon_{11} \\ \varepsilon_{22} \\ \gamma_{12} \end{Bmatrix} = \frac{1-\nu^2}{E} \begin{bmatrix} 1 & -\dfrac{\nu}{1-\nu} & 0 \\ -\dfrac{\nu}{1-\nu} & 1 & 0 \\ 0 & 0 & \dfrac{2}{1-\nu} \end{bmatrix} \begin{Bmatrix} \sigma_{11} \\ \sigma_{22} \\ \tau_{12} \end{Bmatrix}, \quad \varepsilon_{33} \equiv 0 \tag{3.16}$$

図 3.1(c) の軸対称の場合は，応力とひずみは円筒座標系 (r, θ, z) で表現され，その関係式は式(3.17)，(3.18)のように表される．

$$\begin{Bmatrix} \sigma_r \\ \sigma_\theta \\ \sigma_z \\ \tau_{rz} \end{Bmatrix} = \frac{E(1-\nu)}{(1+\nu)(1-2\nu)} \begin{bmatrix} 1 & \dfrac{\nu}{1-\nu} & \dfrac{\nu}{1-\nu} & 0 \\ & 1 & \dfrac{\nu}{1-\nu} & 0 \\ & & 1 & 0 \\ 対称 & & & \dfrac{1-2\nu}{2(1-\nu)} \end{bmatrix} \begin{Bmatrix} \varepsilon_r \\ \varepsilon_\theta \\ \varepsilon_z \\ \gamma_{rz} \end{Bmatrix} \tag{3.17}$$

$$\begin{Bmatrix} \varepsilon_r \\ \varepsilon_\theta \\ \varepsilon_z \\ \gamma_{rz} \end{Bmatrix} = \frac{1}{E} \begin{bmatrix} 1 & -\nu & -\nu & 0 \\ & 1 & -\nu & 0 \\ & & 1 & 0 \\ 対称 & & & 2(1+\nu) \end{bmatrix} \begin{Bmatrix} \sigma_r \\ \sigma_\theta \\ \sigma_z \\ \tau_{rz} \end{Bmatrix} \tag{3.18}$$

4 固体・流体・熱・連続体の関係

　本章では，『材料力学II』の第3章までの記載内容を前提として，固体と他の諸相との物理的関係，力学的関係，数学的関係について整理する．本章を介して，材料力学と流体力学，熱伝導現象を橋渡しする．

4.1 物体の多様な様相

　工学教程『材料力学I』の1.1節でも述べたように，私たちを取り巻く自然界に存在する物質，あるいは人間がつくり出す人工物は，基本的に固体(solid)，液体(liquid)，気体(gas)のいずれかの様相を呈している．固体は固く安定であるが，力を受けると変形し，作用する力が消えると形も元に戻る．さらに大きな力を加えると壊れてしまうこともある．液体や気体は自在に形を変え，高いところから低いところへ，また重たいものは下へ軽いものは上へと流れを生じる．さらに，空気に代表される気体は，形のみならず体積も容易に変化する．このような何らかの力を受けて生じる物体の変形や流れを扱う学問体系として，それぞれ**固体力学**(solid mechanics)や**流体力学**(fluid mechanics)が研究されてきた．一方，物質を媒体として生ずる現象には，熱の流れや電磁現象などがある．

　私たちの生活はさまざまな固体に取り囲まれており，大いにその恩恵を受けている．私たちが住んでいる家は木や鉄，石，コンクリートなどの固体からできている．私たちが常日頃中長距離の移動に利用する自動車や鉄道も主に金属という固体からできている．道路も橋も固体であり，コンピュータの心臓部にあたる半導体素子も固体である．また，私たちの生活空間の下に広がる地面や地殻も固体である．このように私たちの生活に溢れる固体であるが，固体の形態や構造などについては，私たちの生活を快適にしたり，さまざまな危険から私たちの身を守るために，さまざまな工夫がなされている．

4.2　物体の運動を捉えるミクロ・マクロ・メゾスコピックアプローチ

　物体の力学現象を理論的に扱う方法は，3つのアプローチに大別される．第1のアプローチは，物体を構成している基本粒子，すなわち，原子・分子の運動に着目して現象を記述する**ミクロスコピック**（microscopic）**なアプローチ**である．図4.1(a)にそのイメージを示す．このアプローチでは，まず任意の2つの粒子間に作用する相互作用則を導き出す．この相互作用則は多くの場合に，時間発展に関する常微分方程式で表される．それをもとに粒子の集団の運動を時間発展的に解析する．これには，分子運動論や統計力学，分子動力学とよばれる手法が含まれる．

　第2のアプローチは，物質の現象論的・平均的挙動に着目する**マクロスコピック**（macroscopic）**なアプローチ**である．図4.1(b)にそのイメージを示す．第2のアプローチは一般に**連続体力学**（continuum mechanics）とよばれ，工学的な観点から特に重要となる．連続体力学においては，物質の挙動を記述する変数 U が場所 x_i, $i=1, 2, 3$ と時間 t の関数 $U(x_i, t)$ として定義され，それを用いて現象を記述する支配方程式（多くの場合に偏微分方程式となる）が導かれる．これに加え

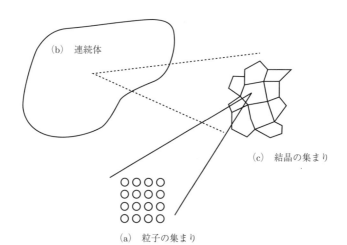

図 4.1　固体の異なる表現

て，所定の境界条件と初期条件が与えられれば，その現象を一意に記述することができる．

　また，両者の中間に位置し，原子・分子までは立ち戻らないものの，たとえば結晶構造のような中間構造に着目したモデル化に基づく方法は，**メゾスコピック**(mesoscopic)**なアプローチ**とよばれる．図 4.1(c)に結晶構造をもつ物質のイメージを示す．この第 3 のアプローチは，中間構造の捉え方やモデル化の違いによって実にさまざまな手法が存在する．

　さらに，これらの 3 つの中の複数のアプローチを同時に取り込んだアプローチは**マルチスケール**(multi-scale)**アプローチ**とよばれる．

　これらのアプローチには精度や効率などの観点でそれぞれに特徴があるので，それらを適宜勘案しながら解析目的に応じて適切なモデル化を採用する必要がある．

4.3　物理的，力学的関係と数学的関係

　4.2 節に述べたように物質の様態を原子・分子レベルのミクロな現象として捉えると，固体や液体，気体，熱という現象の境目は曖昧となる．すなわち，固体では，各分子・原子に作用する相互作用力が強く，それぞれの原子・分子の運動を制限し，その位置は大きくは動かないために，マクロな描像としては力を加えても変形は小さく形はあまり変わらない．一方，相互作用力が緩んでくると，分子・原子はその位置を大きく動くことができるようになる．これはマクロな描像としては，形を大きく変え流動する液体となる．さらに，相互作用力が弱まり，分子・原子がほぼ自由に運動できるようになると，マクロな描像としては気体となる．

　熱というのはミクロな現象としては，分子・原子の振動や運動，あるいはその運動が有するエネルギーである．分子・原子の相互作用力との関係でいえば，分子・原子の運動が激しくなり，相互作用力とほとんど同程度かそれよりも勝るようになると，固体から液体，さらには気体へと変化することになる．また，同じ固体中でも，ある部分が熱エネルギーを生じ，原子・分子の運動が生じると，相互作用力を介して，その振動が周囲の原子・分子に伝わっていく．これはマクロな描像としては熱の伝導となる．

　また，流体においては，物質が大きく動くので，初期の状態における流体に，

いくつかの番号をつけた点をばらまいておくと，しばらくすると流れによってそれらの点が大きく動きまわり，各点の相対位置関係はもちろん距離もバラバラになってしまう．流体の場合にも温度は基本的には，原子・分子の振動で表現されるが，流体の場合は，隣り合う原子・分子の間で相互作用力を介して原子・分子の振動が伝わるのに加えて，振動する分子・原子が大きく移動することによっても，流体中を熱が伝わることになる．さらに，気体の場合には，分子・原子は比較的自由に動き回っているが，時折衝突することによって，分子・原子の運動エネルギーが伝達されるのである．

このような分子・原子の運動に着目するミクロスコピックなアプローチに対して，物質の現象論的・平均的挙動に着目する連続体力学においては，先に述べたように物質の挙動を記述する変数 U が場所 x_i，$i=1, 2, 3$ と時間 t の関数 $U(x_i, t)$ として定義され，それを用いて現象を記述する支配方程式(多くの場合に偏微分方程式となる)が導かれる．これに加えて，所定の境界条件と初期条件が与えられれば，その現象を数学的に一意に記述することができる．この場合，固体，液体，気体の類似点や違いは数学的にはどのように表現されるのであろうか．

まず，共通する考え方は，2次元問題で考えると，連続的に広がる物体内に，座標軸に沿う微小な長方形(微小体積(物質点))を考え，この微小長方形の表面には内力が働いており，それらには Newton の第二法則(運動方程式)が適用できると考えることである．この結果，固体，液体，気体に関わりなく 2.1 節と 3.2 節で述べた応力テンソルに基づく運動方程式を仮定することができる．固体においては，力を受けて変形すると，変形前の長方形は，たとえば図 2.3 に示すように変形する．この変形に伴うゆがみを，元の形状を基準形状として表現したものが，ひずみ-変位関係となる．一方，液体や気体(これらを総称して流体とよぶ)においては，短い時間であれば，元の長方形が少しゆがむ程度であるが，少し時間が経過するとそこにあった流体は流れて行ってしまい，まったく元の形状を保たない．そこで，固体と同じように，元の形状を基準として，変形後の形状変化を表現する方式(**Langrange 流**)と，観測場所を固定し，そこに設定した長方形内に次々に流れ込み，また長方形外に流れ出る状況を記述する方式(**Euler 流**)の2種類の考え方がある．さらに，流体の場合には，変形よりも，流れの速さ(流速)に着目し，流速と応力の関係を記述することが行われる．すなわち，固体の場合には変形とひずみを結びつける関係式とひずみと応力を結びつける関係式(構成方程式)があるのに対して，流体の場合には，流速と応力を結びつける式が

流体の構成方程式となる. たとえば, どろっとした液体とさらっとした液体では, 同じ応力発生下で, 前者のほうが発生する流速は遅く, 後者のほうが流速は速くなる.

　別の観点から固体と, 液体, 気体の類似点, 相違点を見てみよう. 固体は形もあまり変化しないため, 変形前後の体積はほとんど変化しない. 液体は形は大きく変化するけれども, 体積はほとんど変わらない. このような性質は**非圧縮性**とよばれる. 一方, 気体は, 圧力を変化させると体積が大きく変わり, このような性質は**圧縮性**とよばれる. したがって, 液体と気体では基本的に運動方程式や構成方程式に関わる部分はほとんど同じとなるが, 非圧縮性であるか圧縮性であるかという条件が異なる. 実は, 非圧縮性材料では, 端部に与えられた圧力は, 他の端部に瞬時に伝わることになるが, 圧縮性材料では, ある部分の圧縮状態が順次隣に伝播することにより伝わる. これはいわゆる波動の伝播と同じである. 先ほど, 固体はほとんど体積が変化しないといったが, 実は固体は弾性変形の範囲では, わずかに体積が変化するためやはり固体中を波動が伝わることになる. 地中の地震動の伝播や固体中の音の伝播は基本的に, 同じ原理で起こる[*1].

　次に, 熱の伝導現象を考えてみよう. この現象は, 固体と流体で分けて考えるとよい. 固体中では, 固体はあくまで熱を伝える媒体であるので, 発熱場所から徐々に隣に熱が伝わっていく熱伝導という現象に着目すればよい. 一方, 流体においては, 熱は隣に徐々に伝わる熱伝導(熱拡散)という現象と流体が大きく移動する移流とよばれる現象によっても運ばれるので, 熱拡散と流体の流れ場を同時に考えることが必要となってくる. さらに, 熱は固体から流体へ, 流体から固体へと固体と流体の接触界面を通しても相互に伝わるので, そうした界面現象についても考慮することが必要である.

　以上はそれぞれの現象の概略を記したに過ぎないが, 固体力学, 流体力学, 熱工学には力学, 特に連続体力学としての共通事象も多いため, それぞれの共通点と差異を認識しながら学ぶことにより, より普遍的な知識を得ることができるようになる.

[*1]　固体中の波動の伝搬については, 工学教程『材料力学Ⅲ』の第4章を参照のこと.

5 構造の基本要素と変形

　実際の構造部品は複雑形状を有しているが，各構造の機能や荷重の流れ・応力状態に着目すると，基本的ないくつかの構造要素に分類できる．棒，はり，柱，板，殻（かく，シェル），継手などが構造の基本要素として挙げられる．1次元的な問題となる棒やはりについては工学教程『材料力学 I』の第3章に述べたので，本章では，構造を表現する基本要素のうち，多次元問題として記述される厚肉円筒と球，平板，円筒殻に関する基礎式について説明する．

5.1　厚肉の円筒と球

　板厚の薄い円筒に内圧が作用する場合には，半径方向応力がゼロとなり，厚さに沿って周方向応力が一様に分布すると近似しても差し支えなく，円筒内の応力分布が容易に求められる*1．一方，厚肉の円筒の場合は，そのような近似は成立せず，周方向応力と半径方向応力の多軸応力状態となる．以下では，内・外圧を受ける厚肉円筒について考える．

　内半径 r_i，外半径 r_o の厚肉円筒に内圧 p_i，外圧 p_o が作用している状況を図5.1に示す．内・外圧を受ける円筒においては変形や応力分布は中心軸に対する対称性から円周方向（θ 方向）には依存せず r のみの関数となり，また，せん断応力 $\tau_{r\theta}$ も生じない．この円筒内に微小要素を考え，径方向の力の釣合いを考えると，

$$\sigma_r r\,\mathrm{d}\theta + 2\sigma_\theta\,\mathrm{d}r\frac{\mathrm{d}\theta}{2} - \left(\sigma_r + \frac{\mathrm{d}\sigma_r}{\mathrm{d}r}\,\mathrm{d}r\right)(r+\mathrm{d}r)\,\mathrm{d}\theta = 0 \tag{5.1}$$

となり，高次の微小量を省略すると，

$$\sigma_\theta - \sigma_r - r\frac{\mathrm{d}\sigma_r}{\mathrm{d}r} = 0 \tag{5.2}$$

が得られる．次に，変形についても軸対称性から半径方向の変位 u のみが生じ

---

*1　工学教程『材料力学 I』の 3.4.1 項を参照のこと．

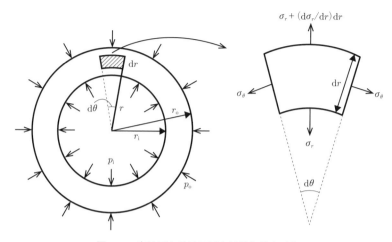

図 5.1　内外圧を受ける厚肉円筒と微小要素

ると考えられることから，極座標系における変位-ひずみ関係式から，半径方向
および周方向のひずみ $\varepsilon_r, \varepsilon_\theta$ は，

$$\varepsilon_r = \frac{\mathrm{d}u}{\mathrm{d}r}, \quad \varepsilon_\theta = \frac{u}{r} \tag{5.3}$$

と表される.

平面問題における Hooke の法則は，円筒長さが短く平面応力状態に近い場合
も，円筒長さが長く平面ひずみ状態に近い場合も，次式のように書き表される.

$$\sigma_\theta = E'(\varepsilon_\theta + \nu'\varepsilon_r), \quad \sigma_r = E'(\varepsilon_r + \nu'\varepsilon_\theta) \tag{5.4}$$

ここで，$E' = E/(1-\nu^2)$（平面応力），$E(1-\nu)/(1+\nu)(1-2\nu)$（平面ひずみ），
$\nu' = \nu$（平面応力），$\nu/(1-\nu)$（平面ひずみ）となる. 式(5.3)を式(5.4)に代入し，そ
れをさらに式(5.2)に代入すると，

$$\frac{\mathrm{d}^2 u}{\mathrm{d}r^2} + \frac{1}{r}\frac{\mathrm{d}u}{\mathrm{d}r} - \frac{u}{r^2} = \frac{\mathrm{d}}{\mathrm{d}r}\left(\frac{\mathrm{d}u}{\mathrm{d}r} + \frac{u}{r}\right) = 0 \tag{5.5}$$

が得られる. これを積分することで，

$$u = c_1 r + \frac{c_2}{r} \tag{5.6}$$

が得られる.ここで,c_1, c_2 は積分定数である.この結果と式(5.3)および式(5.4)を適用して,応力を半径方向座標 r を用いて表すことができ,さらに境界条件(内圧・外圧条件:$r=r_i$ で $\sigma_r = -p_i$,$r=r_o$ で $\sigma_r = -p_o$)から c_1, c_2 を定めることができる.得られる応力分布は,平面応力・平面ひずみともに同じ分布となり,次式のようになる.

$$\sigma_\theta = \frac{r_i^2 p_i - r_o^2 p_o}{r_o^2 - r_i^2} + \frac{r_i^2 r_o^2 (p_i - p_o)}{r_o^2 - r_i^2} \frac{1}{r^2} \tag{5.7a}$$

$$\sigma_r = \frac{r_i^2 p_i - r_o^2 p_o}{r_o^2 - r_i^2} - \frac{r_i^2 r_o^2 (p_i - p_o)}{r_o^2 - r_i^2} \frac{1}{r^2} \tag{5.7b}$$

この結果から,厚肉円筒の場合は,2次元的な応力状態(薄肉の近似では σ_θ のみ)となることがわかる.なお,軸方向応力 σ_z は,平面応力状態では両端開放の場合と同じであり $\sigma_z = 0$,平面ひずみ状態では $\sigma_z = \nu(\sigma_\theta + \sigma_r)$,また両端が端板で閉じられている場合には,$\sigma_z = (r_i^2 p_i - r_o^2 p_o)/(r_o^2 - r_i^2)$ となる.

同様に,厚肉の球についても考えてみる.内半径 r_i,外半径 r_o の厚肉球殻に内圧 p_i,外圧 p_o が作用している状況を図5.2に示す.この厚肉球殻中の微小な

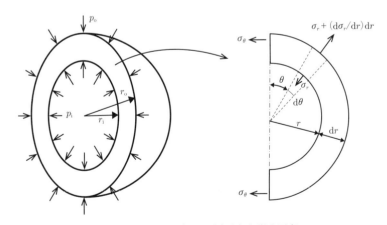

図 **5.2** 内外圧を受ける厚肉球殻と微小要素

薄肉球殻要素(半径 r, 肉厚 dr)を考え, この微小な半球殻(同図の右側)での水平方向の力の釣合い式を立てると,

$$2\pi r\sigma_\theta\,dr+\pi r^2\sigma_r-\pi(r+dr)^2(\sigma_r+d\sigma_r)=0 \tag{5.8}$$

となる. 高次の微小量を省略すると,

$$2\sigma_\theta-2\sigma_r-r\frac{d\sigma_r}{dr}=0 \tag{5.9}$$

が得られる. 荷重や形状の球対称性から, 変形としては半径方向変位 u のみが生じると考えられ, 半径方向および周方向のひずみは, 式(5.3)と同じ式で表される. Hooke の法則は,

$$\varepsilon_\theta=\frac{1}{E}\{\sigma_\theta-\nu(\sigma_\theta+\sigma_r)\},\quad \varepsilon_r=\frac{1}{E}\{\sigma_r-\nu(\sigma_\theta+\sigma_\theta)\} \tag{5.10}$$

となることから, 以下のような微分方程式が得られる.

$$\frac{d^2\sigma_r}{dr^2}+\frac{4}{r}\frac{d\sigma_r}{dr}=0 \tag{5.11}$$

したがって, 上式を積分することで σ_r が得られ, それを式(5.9)に代入することで σ_θ が得られる.

$$\sigma_r=\frac{c_1}{r^3}+c_2,\quad \sigma_\theta=-\frac{c_1}{2r^3}+c_2 \tag{5.12}$$

積分定数 c_1, c_2 は厚肉円筒の場合と同様に, 内圧・外圧条件から決定され, 応力分布は次式のように求められる.

$$\sigma_\theta=\frac{r_i^3 p_i-r_o^3 p_o}{r_o^3-r_i^3}+\frac{r_i^3 r_o^3(p_i-p_o)}{r_o^3-r_i^3}\frac{1}{2r^3} \tag{5.13a}$$

$$\sigma_r=\frac{r_i^3 p_i-r_o^3 p_o}{r_o^3-r_i^3}-\frac{r_i^3 r_o^3(p_i-p_o)}{r_o^3-r_i^3}\frac{1}{r^3} \tag{5.13b}$$

例として, 内圧 p_i のみを受ける $r_o/r_i=2$ の厚肉球殻内の応力分布を図 5.3 に示す. 厚さに沿って周方向応力が均一とみなせる薄肉の場合と異なり, 厚肉の場合

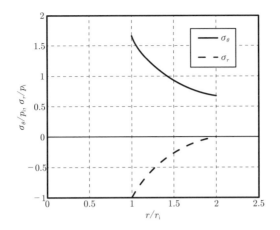

図 5.3 内圧を受ける厚肉球殻内の応力分布($r_o/r_i = 2$)

は内側の周方向応力が大きくなることが確認できる.

5.2 平板の変形

次に平板の変形について考える. 平板は3次元物体であるが, 板厚が十分薄い
ので, 2次元の問題に単純化することができる. 本節でははじめに平板の基礎式
を説明した後, 曲げや平板に垂直な荷重が作用する場合の平板のたわみ方程式や
その解法について述べる. 最後に, 平板の座屈に関する基礎式も示す.

5.2.1 平板の基礎式

平板に生じる内力を考える際に, 板厚 h が小さいことから, 板厚方向の各位
置における応力ではなく, 板厚方向に積分した合応力を定義し用いることとす
る. 板の上下表面の間の中央を通る平面を中央面と名づけ, この面内に x, y
軸, これらと垂直に, つまり板厚方向に z 軸をとる. z 方向の垂直応力は板厚が
薄いことから無視することとし, 中央面に垂直な断面について, 単位幅あたりの
合応力(断面力, 断面モーメント)の各成分をそれぞれ次式のように定義する.

$$T_x=\int_{-h/2}^{h/2}\sigma_x\,\mathrm{d}z, \quad T_y=\int_{-h/2}^{h/2}\sigma_y\,\mathrm{d}z, \quad S_{xy}=\int_{-h/2}^{h/2}\tau_{xy}\,\mathrm{d}z=S_{yx}=\int_{-h/2}^{h/2}\tau_{yx}\,\mathrm{d}z$$

$$Q_x=\int_{-h/2}^{h/2}\tau_{xz}\,\mathrm{d}z, \quad Q_y=\int_{-h/2}^{h/2}\tau_{yz}\,\mathrm{d}z \tag{5.14}$$

$$M_x=\int_{-h/2}^{h/2}\sigma_x z\,\mathrm{d}z, \quad M_y=\int_{-h/2}^{h/2}\sigma_y z\,\mathrm{d}z, \quad M_{xy}=\int_{-h/2}^{h/2}\tau_{xy}z\,\mathrm{d}z=M_{yx}=\int_{-h/2}^{h/2}\tau_{yx}z\,\mathrm{d}z$$

図 5.4 のような平板内の微小要素を考えることで，力の釣合い式(x，y，z 方向の力の釣合い，および x 軸周り，y 軸周りのモーメントの釣合い)を立てると，それぞれ次式のようになる．

$$\frac{\partial T_x}{\partial x}+\frac{\partial S_{yx}}{\partial y}+q_x=0, \quad \frac{\partial S_{xy}}{\partial x}+\frac{\partial T_y}{\partial y}+q_y=0$$

$$\frac{\partial Q_x}{\partial x}+\frac{\partial Q_y}{\partial y}+q_z=0 \tag{5.15}$$

$$\frac{\partial M_x}{\partial x}+\frac{\partial M_{yx}}{\partial y}-Q_x+m_x=0, \quad \frac{\partial M_{xy}}{\partial x}+\frac{\partial M_y}{\partial y}-Q_y+m_y=0$$

ただし，ここで平板に作用している外力(表面力あるいは物体力)はすべて中央面の単位面積あたりの力(q_x, q_y, q_z)およびモーメント(m_x, m_y)に換算して考えてい

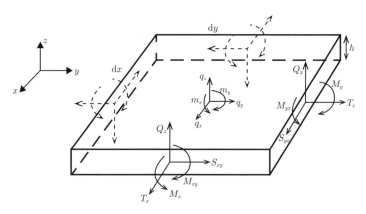

図 **5.4** 平板の微小要素

る。平板に生じる内力として式(5.14)で定義した計8個を求める必要があるが，式(5.15)の応力の釣合い式は5個であることから，この問題は力の釣合いだけから解くことができない。そこで次に述べるように変形も考えて基礎式を導くこととする。

平板は十分薄いことから，平板がたわむ際の断面の変形について，「中央面に垂直な直線上の点は，変形後も変形した中央面の法線上にある」と仮定する。これは **Kirchhoff**(キルヒホッフ)**の仮定**とよばれる。これは，断面の面外せん断変形を許容しないことと等価であるが，工学教程『材料力学 I』の 3.2.2 項で述べたはりの曲げ変形の際に仮定したもの(**Bernouli-Euler**(ベルヌーイ・オイラー)**の仮定**)と同じ仮定を平板にも適用したことになる。中央面の変位を(u_0, v_0, w_0)で表すと，同じ断面内の任意の点の変位(u, v, w)は，微小変形および上記の仮定を用いることにより次式のように表される。

$$u(x, y, z) = u_0(x, y) - z\frac{\partial w_0(x, y)}{\partial x}$$

$$v(x, y, z) = v_0(x, y) - z\frac{\partial w_0(x, y)}{\partial y} \tag{5.16}$$

$$w(x, y, z) = w_0(x, y)$$

以下では，$w_0 = w$ として表記することとする。式(5.16)から面内ひずみ分布は，中央面の変位を用いて，

$$\varepsilon_x = \frac{\partial u_0}{\partial x} - z\frac{\partial^2 w}{\partial x^2}, \quad \varepsilon_y = \frac{\partial v_0}{\partial y} - z\frac{\partial^2 w}{\partial y^2}$$

$$\gamma_{xy} = \frac{\partial u_0}{\partial y} + \frac{\partial v_0}{\partial x} - 2z\frac{\partial^2 w}{\partial x \partial y} \tag{5.17}$$

と表される。

次に，Hooke の法則を用いて，式(5.14)で定義した合応力を中央面の変位を用いて表す。板が薄いことから，平面応力の Hooke の法則(式(3.13))を式(5.14)に代入して，さらに式(5.17)を用いて変形すると，

$$T_x = \frac{Eh}{1-\nu^2}\left(\frac{\partial u_0}{\partial x} + \nu\frac{\partial v_0}{\partial y}\right), \quad T_y = \frac{Eh}{1-\nu^2}\left(\frac{\partial v_0}{\partial y} + \nu\frac{\partial u_0}{\partial x}\right), \quad S_{xy} = Gh\left(\frac{\partial u_0}{\partial y} + \frac{\partial v_0}{\partial x}\right)$$

$$M_x = -D\left(\frac{\partial^2 w}{\partial x^2} + \nu\frac{\partial^2 w}{\partial y^2}\right), \quad M_y = -D\left(\frac{\partial^2 w}{\partial y^2} + \nu\frac{\partial^2 w}{\partial x^2}\right), \quad M_{xy} = -D(1-\nu)\frac{\partial^2 w}{\partial x \partial y}$$

$$(5.18)$$

となる. ここで,

$$D = \frac{Eh^3}{12(1-\nu^2)} \tag{5.19}$$

を平板の曲げ剛性とよぶ. 変形を考慮することで, 中央面の変位 3 個が未知量として増えたものの, 方程式が式 (5.18) の 6 個増え, 式 (5.15) の力の釣合い式とあわせると未知量, 方程式ともに 11 個となり, 境界条件を課すことで, 解ける問題となったことがわかる.

5.2.2 平板の曲げ

式 (5.15) および式 (5.18) の計 11 個の方程式をよく見ると, 5 個は $T_x, T_y, S_{xy}, u_0,$ v_0 のみを含み, 残り 6 個は $M_x, M_y, M_{xy}, Q_x, Q_y, w$ のみを含んでいることがわかる. 前者は平板の面内変形に関する平面応力問題の式と等価であり, 後者が平板の曲げに関する方程式である.

一般の問題では $m_x = m_y = 0$ の場合が多いため, 以下では $m_x = m_y = 0$ とする. このとき, 式 (5.18) の 4~6 番目の式を式 (5.15) の 4 番目と 5 番目の式に代入することにより,

$$Q_x = -D\left(\frac{\partial^3 w}{\partial x^3} + \frac{\partial^3 w}{\partial x \partial y^2}\right), \quad Q_y = -D\left(\frac{\partial^3 w}{\partial y^3} + \frac{\partial^3 w}{\partial x^2 \partial y}\right) \tag{5.20}$$

となり, これらを式 (5.15) の 3 番目の式に代入することで,

$$D\left(\frac{\partial^4 w}{\partial x^4} + 2\frac{\partial^4 w}{\partial x^2 \partial y^2} + \frac{\partial^4 w}{\partial y^4}\right) = q_z \tag{5.21}$$

が得られる. 式 (5.21) が平板の曲げに関するたわみ方程式である. この式を境界

条件のもとで解くことにより，平板の曲げに関するたわみ分布が得られ，式(5.17)，式(5.18)，および Hooke の法則からひずみ分布，モーメント分布，応力分布などが定まる．

　平板の曲げ問題を解く際に必要となる境界条件は次のようになる．固定端などの変位境界条件が与えられる際は，はりの問題と同様にたわみやたわみ角(たわみの微分)に関する条件を与えればよい．一方，自由端や荷重が与えられる箇所などの力学的境界条件が与えられる場合は，等価せん断力を用いる必要が生じる．

　具体的な平板の問題として，面外分布力を受ける四辺単純支持の長方形板の曲げ変形を考えてみよう．さらに特殊なケースとして，x 方向の一辺の長さ a，y 方向の一辺の長さ b の長方形板が，次の圧力分布を受ける場合を考える．

$$q_z = p \sin\left(\frac{\pi x}{a}\right) \sin\left(\frac{\pi y}{b}\right) \tag{5.22}$$

ただし，長方形板は $x=0$ および a，$y=0$ および b で単純支持されているとする．単純支持の境界条件は，

$$\begin{aligned}
x=0, a \ ; \ w=0, \quad M_x = -D\left(\frac{\partial^2 w}{\partial x^2} + \nu\frac{\partial^2 w}{\partial y^2}\right) = 0 \rightarrow \frac{\partial^2 w}{\partial x^2} = 0 \\
y=0, b \ ; \ w=0, \quad M_y = -D\left(\frac{\partial^2 w}{\partial y^2} + \nu\frac{\partial^2 w}{\partial x^2}\right) = 0 \rightarrow \frac{\partial^2 w}{\partial y^2} = 0
\end{aligned} \tag{5.23}$$

と表されるので，次式のようなたわみを仮定する．

$$w = A \sin\left(\frac{\pi x}{a}\right) \sin\left(\frac{\pi y}{b}\right) \tag{5.24}$$

式(5.24)は境界条件式(5.23)を満たし，たわみ方程式(5.21)も満たせる形であることがわかる．そこで，式(5.24)を式(5.21)に代入して定数 A を求め，それを式(5.24)に代入するとたわみは次式のように表される．

$$w = \frac{p}{\pi^4 D\left(\dfrac{1}{a^2} + \dfrac{1}{b^2}\right)^2} \sin\left(\frac{\pi x}{a}\right) \sin\left(\frac{\pi y}{b}\right) \tag{5.25}$$

同様に，同じ境界条件の板で圧力分布が

$$q_z = p_{mn} \sin\left(\frac{m\pi x}{a}\right)\sin\left(\frac{n\pi y}{b}\right) \tag{5.26}$$

の場合は，たわみ分布は

$$w = \frac{p_{mn}}{\pi^4 D\left\{\left(\frac{m}{a}\right)^2 + \left(\frac{n}{b}\right)^2\right\}^2} \sin\left(\frac{m\pi x}{a}\right)\sin\left(\frac{n\pi y}{b}\right) \tag{5.27}$$

となる．これらの解を利用すると，次に述べるように，一般の圧力分布が作用する四辺単純支持の長方形板の曲げ変形を解析的に解くことが可能となる．

まず，圧力分布 $q(x, y)$ を二重 Fourier（フーリエ）級数展開すると，

$$q_z(x, y) = \sum_{m=1}^{\infty}\sum_{n=1}^{\infty} p_{mn} \sin\left(\frac{m\pi x}{a}\right)\sin\left(\frac{n\pi y}{b}\right) \tag{5.28}$$

$$p_{mn} = \frac{4}{ab}\int_0^a\int_0^b q(x, y)\sin\left(\frac{m\pi x}{a}\right)\sin\left(\frac{n\pi y}{b}\right)\mathrm{d}y\mathrm{d}x \tag{5.29}$$

と表され，式(5.27)を利用して，各項に対するたわみを重ね合わせることにより，式(5.28)に対するたわみ分布は，

$$w = \frac{1}{\pi^4 D}\sum_{m=1}^{\infty}\sum_{n=1}^{\infty}\frac{p_{mn}}{\left\{\left(\frac{m}{a}\right)^2 + \left(\frac{n}{b}\right)^2\right\}^2} \sin\left(\frac{m\pi x}{a}\right)\sin\left(\frac{n\pi y}{b}\right) \tag{5.30}$$

と求められる．例として，一様な圧力 $q(x, y) = p_0$ の場合は，式(5.29)は

$$p_{mn} = \frac{4p_0}{ab}\int_0^a\int_0^b \sin\left(\frac{m\pi x}{a}\right)\sin\left(\frac{n\pi y}{b}\right)\mathrm{d}y\mathrm{d}x = \begin{cases} \dfrac{16p_0}{\pi^2 mn} & (m, n：奇数) \\ 0 & （上記以外） \end{cases} \tag{5.31}$$

となり，たわみ分布は式(5.31)を式(5.30)に代入することで得られる．モーメントやせん断力分布も，式(5.18)や式(5.20)に，得られたたわみ分布を代入することで求めることができる．上記の解を利用すると，一様圧力を受ける一辺 a の四辺単純支持の正方形板の場合は，板の中央部でたわみ，およびモーメントが最大

になり，Poisson 比を 0.3 とした場合の最大たわみ，最大モーメントはそれぞれ次のように表される．

$$w_{\max}=0.0443\frac{pa^4}{Eh^3}$$

$$M_{\max}=0.0479\,pa^2$$

(5.32)

その他の場合の解析解も級数展開などを利用することで得られる場合もある．

5.2.3　平板の座屈

　物体に外力が作用し変形している場合，一般には弾性的に変形した際，外力と物体中に生じる内力は釣合い，しかも安定的な釣合いとなっている．ところが，ある種の変形様式（たとえば，細い柱や薄い板の圧縮）では，その変形または外力がある大きさ以上になると，不安定な釣合い状態となって，別の釣合った変形様式に不連続に移る弾性不安定現象を起こすことがある．工学教程『材料力学 I』の第 4 章では，細長く真っすぐな棒の座屈について述べたので，本項では，面内圧縮が作用する平板についての弾性不安定現象，つまり座屈に関する方程式を導き，平板の座屈荷重の計算例を示す．

　通常の平板のたわみ方程式では，板のたわみは微小であることを仮定している．しかしながら，薄い板では比較的大きなたわみを生じる場合も考えられ，たわみが生じている状態において平板に作用する力およびモーメントの釣合いを考えると，平板における力の釣合い式（x, y, z 方向の力の釣合い）としては面内力の z 方向成分の影響を考慮して，次式が得られる．

$$\frac{\partial T_x}{\partial x}+\frac{\partial S_{yx}}{\partial y}+q_x=0,\quad \frac{\partial S_{xy}}{\partial x}+\frac{\partial T_y}{\partial y}+q_y=0$$

$$\frac{\partial Q_x}{\partial x}+\frac{\partial Q_y}{\partial y}+q_z+\frac{\partial}{\partial x}\left(T_x\frac{\partial w}{\partial x}\right)+\frac{\partial}{\partial y}\left(T_y\frac{\partial w}{\partial y}\right)+\frac{\partial}{\partial x}\left(S_{xy}\frac{\partial w}{\partial y}\right)+\frac{\partial}{\partial y}\left(S_{yx}\frac{\partial w}{\partial x}\right)=0$$

$$\frac{\partial M_x}{\partial x}+\frac{\partial M_{yx}}{\partial y}-Q_x+m_x=0,\quad \frac{\partial M_{xy}}{\partial x}+\frac{\partial M_y}{\partial y}-Q_y+m_y=0$$

(5.33)

この場合も，曲げモーメントとたわみの関係は式(5.18)の第 4〜6 式と同じであり，これらの関係式を用いて式(5.33)をまとめると，次のたわみ方程式が得られ

る.

$$D\left(\frac{\partial^4 w}{\partial x^4}+2\frac{\partial^4 w}{\partial x^2 \partial y^2}+\frac{\partial^4 w}{\partial y^4}\right)=q_z+T_x\frac{\partial^2 w}{\partial x^2}+T_y\frac{\partial^2 w}{\partial y^2}+2S_{xy}\frac{\partial^2 w}{\partial x \partial y}-q_x\frac{\partial w}{\partial x}-q_y\frac{\partial w}{\partial y}$$

(5.34)

図 5.5 に示すような，一様な面内圧縮力 N_x を受ける四辺単純支持の長方形板（$x=0$ および a，$y=0$ および b で単純支持）の座屈を考えてみよう．式(5.34)に，$T_x=-N_x$，$T_y=S_{xy}=0$，$q_x=q_y=q_z=0$ を代入すると，

$$D\left(\frac{\partial^4 w}{\partial x^4}+2\frac{\partial^4 w}{\partial x^2 \partial y^2}+\frac{\partial^4 w}{\partial y^4}\right)+N_x\frac{\partial^2 w}{\partial x^2}=0$$

(5.35)

が得られる．四辺単純支持の境界条件は式(5.23)と同じであるので，境界条件を自動的に満たすたわみとして，

$$w=C_{mn}\sin\left(\frac{m\pi x}{a}\right)\sin\left(\frac{n\pi y}{b}\right)$$

(5.36)

を考える．これを式(5.35)に代入することで，

$$N_x=D\left(\frac{m\pi}{a}\right)^{-2}\left\{\left(\frac{m\pi}{a}\right)^2+\left(\frac{n\pi}{b}\right)^2\right\}^2$$

(5.37)

が得られる．$n=1$ のとき N_x は最小となり，最小値は座屈荷重に対応し，

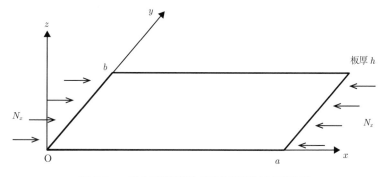

図 **5.5** 一様な面内圧縮を受ける四辺単純支持平板

$$N_{x,\mathrm{cr}} = D\frac{\pi^2}{b^2}\left(\frac{mb}{a} + \frac{a}{mb}\right)^2 \equiv kD\frac{\pi^2}{b^2} \tag{5.38}$$

となる．そのときの変形式(5.36)($n=1$)が座屈モードに対応する．なお，x 方向の波数 m に関しては，板の縦横比 a/b によって最小値が決まり，必ずしも $m=1$ のときに N_x が最小になるとは限らない．座屈荷重(単位幅あたりの面内力)を板厚で割った値を座屈応力とすると，

$$\sigma_{\mathrm{cr}} = k\sigma_e, \quad \sigma_e = \frac{\pi^2 E}{12(1-\nu^2)}\left(\frac{h}{b}\right)^2 \tag{5.39}$$

となる．この場合の縦横比 a/b と k の関係を図 5.6 に示す．与えられた縦横比に対応する k の最小値(実線)が座屈応力を与えるが，a/b が整数になるときに最小となることがわかる．このとき，$k=4$ であり，波形が正方形に近くなるように座屈する．

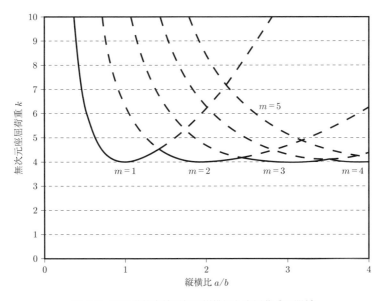

図 **5.6** 四辺単純支持平板の縦横比と座屈荷重の関係

　上記と異なる荷重条件や境界条件においても，各種平板や補強板の座屈応力は有限要素法などの近似解法などにより求めることができ，式(5.39)の形で与えられ，k が各種条件によって異なってくる．各種条件における縦横比 a/b と k の関係は参考文献[22, 23]を参考にしていただきたい．

5.3　殻　の　変　形

　曲率を有する薄厚構造を**殻**(かく，シェル)とよぶが，殻の面内荷重や曲げ問題は平板と異なり，曲率に起因して連成し，非常に複雑な問題となる．一般の殻の曲げ理論は巻末の参考文献[10]などに譲るとして，本節では，円筒殻を対象とした簡易化した近似理論，特に Donnell(ドンネル)の方程式について述べる．最後に，円筒殻の座屈についての基礎式および座屈荷重についても示す．

5.3.1　円筒殻の基礎式

　円筒殻の板の両表面の間の中央を通る面を中央面とよび，この面から法線方向に z を測ることとする．図 5.7 のように円筒殻の軸方向を x 方向，周方向を θ 方向と定め，円筒殻(中央面)の半径を a，板厚を h とする．平板と同様に板厚方向に積分した単位幅あたりの合応力(断面力，断面モーメント)を式(5.14)と同じように定義する．ただし，式(5.14)の y を θ に置き換える．本来，平板と異なり，円筒殻の場合は，x 軸に垂直な断面は扇形となり，合応力は式(5.14)とは異なる定義式となるのであるが，薄肉(z/a の項を省略)であるということから，近似的

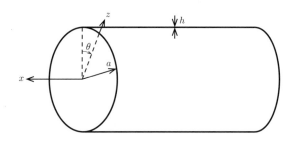

図 **5.7**　薄肉円筒殻

に式(5.14)で定義する.

　平板の力の釣合いと同様に円筒殻においても薄肉近似をすることで，次式の釣合い式が得られる．ここで単位面積あたりの外力モーメント(m_x, m_y)は省略した.

$$\frac{\partial T_x}{\partial x}+\frac{1}{a}\frac{\partial S_{\theta x}}{\partial \theta}+q_x=0, \quad \frac{\partial S_{x\theta}}{\partial x}+\frac{1}{a}\frac{\partial T_\theta}{\partial \theta}+q_\theta=0$$

$$\frac{\partial Q_x}{\partial x}+\frac{1}{a}\frac{\partial Q_\theta}{\partial \theta}-\frac{T_\theta}{a}+q_z=0 \tag{5.40}$$

$$\frac{\partial M_x}{\partial x}+\frac{1}{a}\frac{\partial M_{\theta x}}{\partial \theta}-Q_x=0, \quad \frac{\partial M_{x\theta}}{\partial x}+\frac{1}{a}\frac{\partial M_\theta}{\partial \theta}-Q_\theta=0$$

このうち，第3~5式をまとめて，

$$\frac{\partial T_x}{\partial x}+\frac{1}{a}\frac{\partial S_{\theta x}}{\partial \theta}+q_x=0, \quad \frac{\partial S_{x\theta}}{\partial x}+\frac{1}{a}\frac{\partial T_\theta}{\partial \theta}+q_\theta=0$$

$$\frac{\partial^2 M_x}{\partial x^2}+2\frac{1}{a}\frac{\partial^2 M_{x\theta}}{\partial x\partial \theta}+\frac{1}{a^2}\frac{\partial^2 M_\theta}{\partial \theta^2}-\frac{T_\theta}{a}+q_z=0 \tag{5.41}$$

となる.

　また，殻の変形は平板と同じように面内変位に比べてたわみ w が大きいと想定し，「浅い殻(shallow shell)」の状態と近似する．このとき，中央面の変位を(u_0, v_0, w_0)で表すと，同じ断面内の任意の点の変位(u, v, w)は平板と同様に次式のように近似できる.

$$u(x, \theta, z)=u_0(x, \theta)-z\frac{\partial w_0(x, \theta)}{\partial x}$$

$$v(x, \theta, z)=v_0(x, \theta)-\frac{z}{a}\frac{\partial w_0(x, \theta)}{\partial \theta} \tag{5.42}$$

$$w(x, \theta, z)=w_0(x, \theta)$$

ひずみ-変位関係は，円筒殻の場合，

$$\varepsilon_x=\frac{\partial u}{\partial x}, \quad \varepsilon_\theta=\frac{1}{a}\frac{\partial v}{\partial \theta}+\frac{w}{a}, \quad \gamma_{x\theta}=\frac{1}{a}\frac{\partial u}{\partial \theta}+\frac{\partial v}{\partial x} \tag{5.43}$$

となるので，式 (5.42) を式 (5.43) に代入することで，面内ひずみ分布は，中央面の変位 (以下では $u_0=u$, $v_0=v$, $w_0=w$ と表記する) を用いて，

$$\varepsilon_x = \frac{\partial u}{\partial x} - z\frac{\partial^2 w}{\partial x^2}, \quad \varepsilon_\theta = \frac{1}{a}\frac{\partial v}{\partial \theta} + \frac{w}{a} - \frac{z}{a^2}\frac{\partial^2 w}{\partial \theta^2}$$

$$\gamma_{x\theta} = \frac{1}{a}\frac{\partial u}{\partial \theta} + \frac{\partial v}{\partial x} - \frac{2z}{a}\frac{\partial^2 w}{\partial x \partial \theta} \tag{5.44}$$

と表される．

次に，Hooke の法則を用いて，合応力を中央面の変位で表すと，

$$T_x = \frac{Eh}{1-\nu^2}\left\{\frac{\partial u}{\partial x} + \nu\left(\frac{1}{a}\frac{\partial v}{\partial \theta} + \frac{w}{a}\right)\right\}, \quad T_\theta = \frac{Eh}{1-\nu^2}\left\{\left(\frac{1}{a}\frac{\partial v}{\partial \theta} + \frac{w}{a}\right) + \nu\frac{\partial u}{\partial x}\right\},$$

$$S_{x\theta} = Gh\left(\frac{1}{a}\frac{\partial u}{\partial \theta} + \frac{\partial v}{\partial x}\right)$$

$$M_x = -D\left(\frac{\partial^2 w}{\partial x^2} + \frac{\nu}{a^2}\frac{\partial^2 w}{\partial \theta^2}\right), \quad M_\theta = -D\left(\frac{1}{a^2}\frac{\partial^2 w}{\partial \theta^2} + \nu\frac{\partial^2 w}{\partial x^2}\right),$$

$$M_{x\theta} = -\frac{D(1-\nu)}{a}\frac{\partial^2 w}{\partial x \partial \theta} \tag{5.45}$$

となる．式 (5.45) は **Donnell の方程式**とよばれ，円筒殻を平板と同様の式で近似したものである．式 (5.41) および式 (5.45) から変位に基づく方程式が得られ，それに境界条件を適用して解を得ることになる．この理論は，薄肉円筒殻の軸対称問題を扱う際には，十分適切な近似理論である．

具体的に，$q_x=q_\theta=0$ で q_z は θ に無関係である場合の円筒殻の軸対称荷重問題を考える．生ずる変形も $v=0$ かつ θ に無関係となる．このとき，式 (5.41) および式 (5.45) は，

$$\frac{\mathrm{d}T_x}{\mathrm{d}x}=0, \quad \frac{\mathrm{d}^2 M_x}{\mathrm{d}x^2} - \frac{T_\theta}{a} + q_z = 0$$

$$T_x = \frac{Eh}{1-\nu^2}\left(\frac{\mathrm{d}u}{\mathrm{d}x} + \nu\frac{w}{a}\right), \quad T_\theta = \frac{Eh}{1-\nu^2}\left(\frac{w}{a} + \nu\frac{\mathrm{d}u}{\mathrm{d}x}\right) \tag{5.46}$$

$$M_x = -D\frac{\mathrm{d}^2 w}{\mathrm{d}x^2}, \quad M_\theta = -D\nu\frac{\mathrm{d}^2 w}{\mathrm{d}x^2} \tag{5.47}$$

となり，$S_{x\theta}=M_{x\theta}=0$ となる．式 (5.46) の第 1 式から T_x 一定の解が得られるの

で，境界の荷重条件により定まるこの値を T_{x0} とおくと，式(5.46)および式(5.47)から次のたわみ方程式が得られる.

$$\frac{\mathrm{d}^4 w}{\mathrm{d}x^4} + \frac{12(1-\nu^2)}{a^2 h^2} w = \frac{1}{D}\left(q_z - \frac{\nu T_{x0}}{a}\right) \tag{5.48}$$

この式が円筒殻の軸対称荷重問題の基礎式となる. これを境界条件をもとに解くことで変形が得られることになる. 解析例などは参考文献[10]を参照していただきたい.

5.3.2　円筒殻の座屈

次に，長さ l，半径 a の円筒殻に対し，面内圧縮が作用する場合の座屈に関する方程式を導出する. 平板の場合は，5.2.3項で述べたように平板の曲げの基礎式に，たわみが大きいとして面内力の z 方向成分の影響を釣合い式に付加することで座屈の基礎式を導出した. ここでも，前述の Donnell の方程式に対し，z 方向の力の釣合い式に面内力の z 方向成分を加えることで，式(5.41)の第3式の代わりに，次式が得られる.

$$\begin{aligned}
&\frac{\partial^2 M_x}{\partial x^2} + \frac{2}{a}\frac{\partial^2 M_{x\theta}}{\partial x \partial \theta} + \frac{1}{a^2}\frac{\partial^2 M_\theta}{\partial \theta^2} - \frac{T_\theta}{a} + q_z \\
&+ T_x\frac{\partial^2 w}{\partial x^2} + \frac{2S_{x\theta}}{a}\frac{\partial^2 w}{\partial x \partial \theta} + \frac{T_x}{a}\frac{\partial^2 w}{\partial \theta^2} - q_x\frac{\partial w}{\partial x} - \frac{q_\theta}{a}\frac{\partial w}{\partial \theta} = 0
\end{aligned} \tag{5.49}$$

一様圧縮荷重 N_x を受ける場合の基礎式は，式(5.45)を代入することで，式(5.49)は，

$$D\left(\frac{\partial^4 w}{\partial x^4} + \frac{2}{a^2}\frac{\partial^4 w}{\partial x^2 \partial \theta^2} + \frac{1}{a^4}\frac{\partial^4 w}{\partial \theta^4}\right) + \frac{T_\theta}{a} + N_x\frac{\partial^2 w}{\partial x^2} = 0 \tag{5.50}$$

と表され，その他の式は式(5.41)および式(5.45)から次式のように表される.

$$\frac{\partial T_x}{\partial x} + \frac{1}{a}\frac{\partial S_{\theta x}}{\partial \theta} = 0, \quad \frac{\partial S_{x\theta}}{\partial x} + \frac{1}{a}\frac{\partial T_\theta}{\partial \theta} = 0 \tag{5.51}$$

$$T_x = \frac{Eh}{1-\nu^2}\left\{\frac{\partial u}{\partial x} + \nu\left(\frac{1}{a}\frac{\partial v}{\partial \theta} + \frac{w}{a}\right)\right\}, \quad T_\theta = \frac{Eh}{1-\nu^2}\left\{\left(\frac{1}{a}\frac{\partial v}{\partial \theta} + \frac{w}{a}\right) + \nu\frac{\partial u}{\partial x}\right\},$$

$$S_{x\theta} = Gh\left(\frac{1}{a}\frac{\partial u}{\partial \theta} + \frac{\partial v}{\partial x}\right) \tag{5.52}$$

平板の座屈の場合は，たわみのみに関する方程式を考えれば座屈荷重が得られたが，円筒殻の場合は面内変位と連成するため，式(5.50)〜式(5.52)を同時に解く必要がある．境界条件としては，単純支持条件として，次のように軸方向に m 半波，周方向に $2n$ 半波の格子縞の非軸対称変形を仮定する．

$$u = A\cos\left(\frac{m\pi x}{l}\right)\cos n\theta, \quad v = B\sin\left(\frac{m\pi x}{l}\right)\sin n\theta, \quad w = C\sin\left(\frac{m\pi x}{l}\right)\cos n\theta \tag{5.53}$$

式(5.53)を式(5.52)に代入しながら，さらに式(5.50)および式(5.51)に代入して3つの条件式が得られる．A〜C を未知数と見たときの 3×3 の係数行列の行列式がゼロである条件から，

$$N_x = D\left(\frac{m\pi}{l}\right)^{-2}\left\{\left(\frac{m\pi}{l}\right)^2 + \left(\frac{n}{a}\right)^2\right\}^2 + \frac{Eh}{a^2}\left(\frac{m\pi}{l}\right)^2\left\{\left(\frac{m\pi}{l}\right)^2 + \left(\frac{n}{a}\right)^2\right\}^{-2} \tag{5.54}$$

が得られる．整数 (m, n) の組み合わせに対し，各 N_x が求まり，最小の値が座屈荷重となる．この式を連続関数とみなして，極値を探すと，

$$\left(\frac{m\pi}{l}\right)^{-2}\left\{\left(\frac{m\pi}{l}\right)^2 + \left(\frac{n}{a}\right)^2\right\}^2 = \frac{2\sqrt{3(1-\nu^2)}}{ah} \tag{5.55}$$

のとき最小値をとり，座屈応力は，

$$\sigma_{cr} = \frac{N_{x,cr}}{h} = \frac{E}{\sqrt{3(1-\nu^2)}}\frac{h}{a} \tag{5.56}$$

と表され，Poisson 比が 0.3 の場合は，

$$\sigma_{\mathrm{cr}} \approx 0.605 E \frac{h}{a} \tag{5.57}$$

となる.

　軸対称変形を仮定した場合も結果的に座屈応力は式 (5.56) と一致することが導かれ，この座屈応力は円筒殻の座屈応力の古典理論値とよばれる.

　実際の円筒殻の座屈は，ある程度の肉厚の場合は，軸対称変形が生じ，薄肉円筒殻の場合は，非対称変形もしくは内側にダイヤモンド型にたわみ，非対称変形が生じる．一般に，実験で得られる円筒殻の座屈応力は初期形状不整 (初期たわみ) の影響も大きく，古典理論値に比べてはるかに低くなる場合が多い．そのため，古典理論値に対するノックダウンファクター*2 として実験データや詳細解析結果を利用して座屈応力を整理し，設計に用いることが多い.

---

*2　**ノックダウンファクター，ノックダウン係数**とは，初期形状不整によって実験値が広範囲にばらつくので，工学的に安全な設計にするために設定する係数のこと．この係数に古典的弾性座屈荷重を乗じたものが，全実験値の下限となるように設定する係数.

6 材料非線形の基礎

　材料力学では，材料の応力とひずみの関係(構成方程式)に，計算が簡単であることから線形関係(Hookeの法則)を仮定することが多い．これに対して，実際の材料では応力とひずみが線形であるのは変形が小さい範囲に限られる．また機械や構造物の破損は，変形が大きくなると材料が示す応力とひずみの非線性に関連することが多い．本章では，材料の代表的な非線形挙動の基礎について説明する．

6.1 塑性と繰り返し塑性，塑性崩壊

6.1.1 塑 性 変 形

　金属材料試験片に引張り荷重を加えたときの応力とひずみの関係は，材料に依存して図6.1に示すように異なり，さらに同じ材料でも特性にばらつきが存在する．このため，そのままでは扱い難いことから，図6.2のように一般化した曲線で記述することが多い．図6.2において，応力がA点より小さい範囲では，応力とひずみは比例関係にあり，荷重を下げると応力とひずみの関係は直線AO上を元に戻る．これに対して応力がA点を越えると，ひずみが急に増加する．

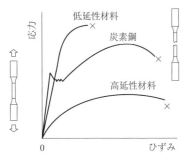

図 **6.1** 材料による応力-ひずみ挙動の違い

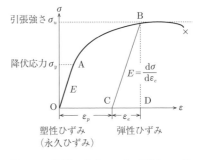

図 **6.2** 材料の応力-ひずみ関係の一般的な記述

図の B 点から荷重を下げると，応力-ひずみ関係は直線 AO と平行に変化し，応力 0 では C 点に至る．つまり永久ひずみが残る．このひずみ OC を**塑性ひずみ**とよび，塑性ひずみを生じる変形を**塑性変形**とよぶ．B 点における全ひずみ ε_t は，次式に示すように塑性ひずみ OC と弾性ひずみ CD の合計となる．

$$\varepsilon_t = \varepsilon_p + \varepsilon_e \tag{6.1}$$

ここで，B 点の応力を σ，Young 率を E とすると，

$$\sigma = E\varepsilon_e \tag{6.2}$$

である．

　塑性変形が始まる A 点の応力を降伏応力，最終的に破断に至るまでに生じる最大応力を引張強さとよぶ．これは単軸応力場の場合であり，多軸応力場においては，降伏条件[*1]によって記述され，金属材料ではしばしば Mises 相当応力が材料の降伏応力に達すると降伏が生じると表現される．

　塑性変形のメゾスケールのメカニズムは，図 6.3 に示すような結晶のすべり面に沿うせん断変形である．これに対して，弾性変形は結晶格子の変形と回転により起こる．結晶格子間隔が変化し体積変化を生じる弾性変形の Poisson 比は 0.3 前後であるのに対し，塑性変形では体積変化を伴わない．結晶のすべりは，さらにミクロなスケールの初期欠陥としての転位[*2]のすべり面に沿った動きによっ

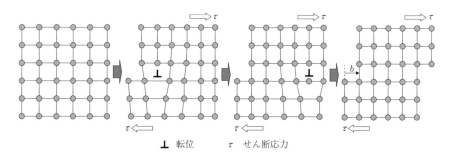

⊥ 転位　　τ せん断応力

図 6.3　塑性変形の微視的なメカニズム

[*1]　多軸応力場の降伏条件については，工学教程『材料力学Ⅲ』の第 2 章において詳しく述べられる．

[*2]　工学教程『材料力学Ⅲ』の第 7 章を参照のこと．

て説明され，この領域を扱う学問分野に転位動力学がある．ただし，機械や構造物と転位の間には大きなスケールの差があり，ミクロなモデルを直接設計に適用することは計算技術が発達したとしても現実的でない．このため，4.2節で述べたように設計では材料を連続体と仮定し，平均的なマクロ挙動を応力やひずみで記述して扱うモデルが用いられてきた．ミクロモデルに関しては，新たな材料開発やマクロモデルの評価精度の向上を目指して，ミクロな破壊現象の基本過程からマクロ挙動を予測するために活用されている．

　実際の応力-ひずみ関係は，材料ごとに異なる非線形曲線であるため，そのままの特性では設計に使用するのが難しい．そこで，設計用には図6.4のような単純化した構成方程式を使用する．(a)図は**弾完全塑性モデル**とよび，Young率と降伏応力の2つのパラメータで記述できる．(b)図は**2直線近似モデル**とよばれ，降伏後の硬化特性(加工硬化)を**加工硬化係数** H' で記述したモデルである．

6.1.2　繰り返し塑性挙動

　材料を繰り返し塑性変形させると，硬化したり，場合により軟化したりする．このような特性は，荷重の繰り返しによる疲労破損や進行性変形に影響を与える．それを予測するために，繰り返し特性を表す基本モデルとして，図6.5に模式的に示すように降伏応力は原点を中心にして，そこからの距離を塑性変形に伴う硬化に応じて大きく(塑性ひずみ増分に比例)する**等方硬化モデル**がある．このモデルでは応力がA点で反転した場合は，圧縮側応力の絶対値がA点と同じC点に達したときに逆降伏が起こる．等方硬化モデルは，単調負荷に近い場合は実際とよく合うが，応力-ひずみ線図上の平行移動で表される**Bauschinger**

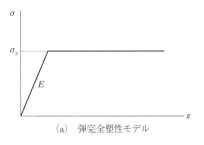

(a)　弾完全塑性モデル

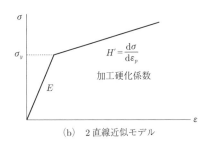

$$H' = \frac{\mathrm{d}\sigma}{\mathrm{d}\varepsilon_p}$$

加工硬化係数

(b)　2直線近似モデル

図 6.4　設計に適用される単純化した応力-ひずみ関係

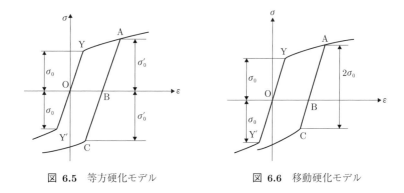

図 **6.5** 等方硬化モデル   図 **6.6** 移動硬化モデル

(バウシンガー)**効果**を表現できない. そこで, 図 6.6 のように降伏曲面は大きさ
を変えずに, 硬化に伴って降伏曲面の中心位置を移動することで Bauschinger
効果を表現できる**移動硬化モデル**が考え出された. 応力が A 点で反転した場合
は, A 点からの応力差が元の降伏応力の 2 倍となる C 点に達したときに逆降伏
が起こる. このモデルでは, 負荷履歴が緩やかに変化する場合は実際とある程度
まで合うため, 有限要素法解析で広く使用されている[*3].

6.1.3 塑 性 崩 壊

次に, 塑性変形に基づく代表的な破損モードである塑性崩壊について述べる.
図 6.7 の左図は, 板が厚さ方向の全断面で降伏してしまい曲げ荷重を支持できな
くなったことから急速に塑性変形した状態である. 右図は配管の全断面塑性とと
もに断面形状の変化が重畳して曲げ変形抵抗が減少し, 重りを支えられなくなり
崩壊した例である. いずれも荷重が増加して変形が進むと, 塑性変形により抵抗
力が相対的に減少し, やがて釣合わなくなって, 変形が急激に進んだものであ
る. このような現象を**塑性崩壊**とよぶ.

図 6.8 に示す曲げモーメントを受ける矩形断面の弾完全塑性はりを用いて, 塑
性崩壊のメカニズムを説明する. 材料特性として図 6.4 (a) に示す弾完全塑性モデ
ルを仮定する. はりに生じるひずみは, 断面が平面を保つための適合条件から図

[*3] 塑性変形については, 工学教程『材料力学III』の 2.1 節において詳しく述べられる.

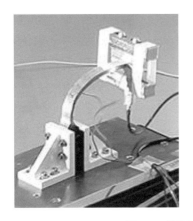 

図 **6.7** 塑性崩壊の例(左：板　右：配管)

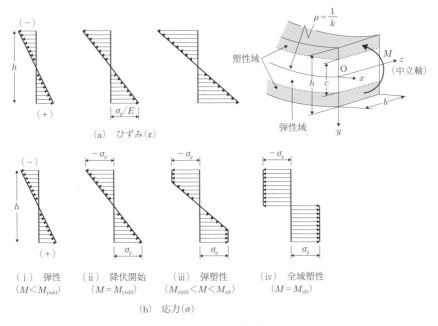

(a) ひずみ(ε)

(i) 弾性
($M < M_{\text{yield}}$)

(ii) 降伏開始
($M = M_{\text{yield}}$)

(iii) 弾塑性
($M_{\text{yield}} < M < M_{\text{ult}}$)

(iv) 全域塑性
($M = M_{\text{ult}}$)

(b) 応力(σ)

図 **6.8** はりの塑性崩壊

6.8(a)に示すようにはりの断面方向に線形に分布する．弾性はりの場合であれ
ば，曲げ応力 σ_b はひずみ ε に比例するため $E\varepsilon$ となるのに対し，弾完全塑性モ
デルを仮定したはりでは曲げモーメントが大きくなると上下表面から降伏し，最
終的には中立断面をはさんで符号が逆の降伏応力 σ_y が全断面に分布するように
なる．弾性領域の高さが $\pm c/2$ となった場合の曲げモーメントは次のように計
算できる．

$$M(c)=\int \sigma y\,\mathrm{d}A=\int_{-c/2}^{c/2}E\varepsilon yb\,\mathrm{d}y+2\int_{c/2}^{h/2}\sigma_y yb\,\mathrm{d}y=\left(\frac{bh^2}{4}\right)\sigma_y\left\{1-\frac{1}{3}\left(\frac{c}{h}\right)^2\right\} \quad (6.3)$$

ここで，b ははりの幅，h ははりの高さである．

　曲げモーメントを加えていき，表面の応力が降伏応力に達した時点のモーメン
ト $M_{\mathrm{yield}}=M(h)$ と，全断面が降伏に至った時点のモーメント $M_{\mathrm{ult}}=M(0)$ を比較
すると

$$M(h)=\frac{2}{3}\left(\frac{bh^2}{4}\right)\sigma_y, \quad M(0)=\left(\frac{bh^2}{4}\right)\sigma_y \quad (6.4)$$

となる．式(6.4)からはりの載荷能力は $M(0)$ が最大であり，表面の応力が降伏応
力に達した時点 $M(h)$ の 1.5 倍の曲げモーメントを負担できることがわかる．し
かし，荷重の増加により曲げモーメントが全断面降伏状態に至ると，それ以上載
荷能力が増加しないことから，不安定状態に陥り急速に変形が進むことになる．

6.2 粘　　弾　　性

　固体は荷重が小さい範囲では，通常，変形と荷重が比例関係にあることから，
次式の Hooke の法則に従う弾性体として扱う．

$$\sigma=E\varepsilon \quad (6.5)$$

　これに対して 4.3 節にも述べたように，流体は移動させるのに必要な力は，変
形量そのものよりも変形速度に依存することから，次式の **Newton の粘性法則**
に従う粘性体として扱う．

$$\sigma=\eta\dot{\varepsilon} \quad (6.6)$$

ここでηは**粘性係数**であり，"・"は時間微分を表す．

　粘弾性体は上記の両者を線形に加え合わせたものであり，主に高分子材料[*4]の解析に広く用いられている．その基本モデルが，図6.9に表す**Maxwell**(マクスウェル)**モデル**と**Voigt**(フォークト)**モデル**である．

　Maxwellモデルは，弾性体(ばね)と粘性体(ダッシュポット)を直列につなげたものであり，同一の応力が働きひずみは次式のように両者の和になる．

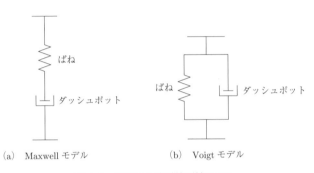

(a)　Maxwell モデル　　　　　(b)　Voigt モデル

図 6.9　基本的な線形粘弾性モデル

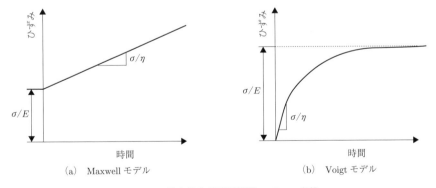

(a)　Maxwell モデル　　　　　(b)　Voigt モデル

図 6.10　基本的な線形粘弾性モデルの応答

[*4]　工学教程『材料力学Ⅲ』の8.3節で述べる．

$$\dot{\varepsilon} = \frac{\dot{\sigma}}{E} + \frac{\sigma}{\eta} \tag{6.7}$$

式(6.7)を積分して，$t=0$ でステップ状に応力 σ を負荷したときのひずみの応答を計算すると，次式のようになり，時間変化は図 6.10(a)のように表される．

$$\varepsilon(t) = \left(\frac{1}{E} + \frac{t}{\eta}\right)\sigma_0 \tag{6.8}$$

　一方，Voigt モデルは，弾性体と粘性体を並列につなげたものであり，同一のひずみのもとで応力を分担し，次式のようになる．

$$\sigma = E\varepsilon + \eta\dot{\varepsilon} \tag{6.9}$$

式(6.9)を積分して，$t=0$ でステップ状に応力 σ を負荷し，その後一定に保ったときのひずみの応答を計算すると次式のようになり，時間変化は図 6.10(b)のように表される．

$$\varepsilon(t) = \frac{\sigma_0}{E}(1 - e^{-t/\lambda}), \quad \lambda = \frac{\eta}{E} \tag{6.10}$$

　これらのモデルは実際の材料挙動を表すには単純過ぎて十分な精度が得られない．このため，複数の Maxwell モデルを並列に結合させた**一般化 Maxwell モ デル**や複数の Voigt モデルと 1 個の Maxwell モデルを直列につなげた**一般化 Voigt モデル**が提案されている．

6.3 クリープ変形

　ある程度以上の高温では，塑性変形が生じない臨界せん断応力以下であっても転位が熱活性化[*5] されて荷重により動く．この変形を**クリープ変形**と称する．応力(荷重)が一定のままでも，クリープ変形は時間とともに進行する性質をもち，通常のクリープ試験において，一定温度下で一定引張応力 σ を与えて得られる**クリープひずみ ε^c** と時間 t の関係を**クリープ曲線**とよぶ．典型的な例を図 6.11

[*5] 工学教程『材料力学III』の第 7 章で詳述する．

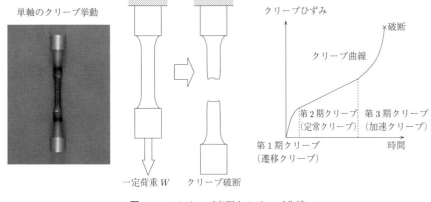

図 **6.11** クリープ変形とクリープ曲線

に示す. クリープ曲線は一般に次の 3 つの段階に分けることができる.

・第 1 期クリープ(遷移クリープ):クリープ初期の段階で, 転位組織の発達など
　によってひずみ速度が時間とともに減少する.
・第 2 期クリープ(定常クリープ):ひずみ速度がほぼ一定になる段階であり, こ
　のときのひずみ速度を定常クリープ速度あるいは最小クリープ速度という. 硬
　化と高温での組織の回復が平衡状態となり, クリープ速度一定となる.
・第 3 期クリープ(加速クリープ):ひずみ速度が次第に増加する段階であり, 最
　終的に破断に至る. 組織内に空孔が蓄積し実質的な断面積が減少するためと考
　えられている.

　さらに, クリープひずみは図 6.12(a)に示すように, 同じ温度であれば応力が
高いほど大きくなる. また, 図 6.12(b)のように, 応力が同じであれば温度が高
いほど大きくなる. このような関係を記述する代表的クリープひずみ式として,
次式のようなものがある.

$$\textbf{Norton 則} \quad \dot{\varepsilon}^c = A\sigma^n \tag{6.11}$$

$$\textbf{Norton--Bailey 式} \quad \varepsilon^c = k\sigma^n t^m \tag{6.12}$$

ここで, t は時間, A, k, n, m は材料と温度に依存するパラメータである.

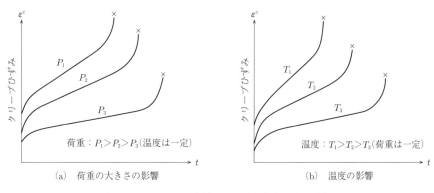

図 **6.12**　クリープ曲線に及ぼす応力と温度の影響

Norton(ノートン)則はクリープひずみ速度 $\dot{\varepsilon}^c$ を記述するもっとも単純な式であり，A, n は材料と温度に依存するパラメータである．一般的な金属材料では n は5を超える数値になり，クリープひずみの応力に対する非線形性はきわめて強い．このため，応力分布のある構造物中のクリープひずみは高応力部に選択的に生じる傾向がある．一方，Norton-Bailey(ノートン・ベイリー)式では，クリープひずみ ε^c の時間変化をある程度記述できる．

実際の現象では荷重条件および境界条件に応じて応力および温度が変化する．これらの履歴を考慮するには，クリープの硬化則を定義する必要がある．代表的なクリープの硬化則には**時間硬化則**と**ひずみ硬化則**がある．

時間硬化則は現在の温度，応力およびクリープ開始後の時間からクリープひずみ速度を決定するモデルであり，クリープひずみ速度は過去の履歴に依存しない．応力が単調増加する場合はクリープひずみを過小評価し，逆の場合は過大評価する傾向がある．式(6.12)に対して時間硬化則を適用すると次式のようになる．

$$\dot{\varepsilon}^c = mk\sigma^n t^{m-1} \tag{6.13}$$

ひずみ硬化則は現在までの累積クリープひずみと現在の温度および応力に基づきクリープひずみ速度を定めるモデルであり，クリープひずみ速度は過去の履歴に依存する．応力および温度が変動する事象に対して実際とよく合い，広く有限要素法解析などで使用されている．式(6.12)と式(6.13)から時間 t を消去することによりひずみ硬化則によるクリープひずみ速度が次式のように求まる．

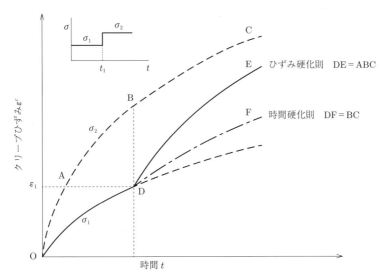

図 **6.13** 応力が変化した場合のクリープ予測の違い

$$\dot{\varepsilon}^c = mk^{1/m}\sigma^{n/m}\varepsilon^{c(m-1)/m} \tag{6.14}$$

応力がステップ状に変化した場合の，時間硬化則とひずみ硬化則の違いを図6.13 に示す．

7 幾何学的非線形の基礎

これまでの議論では，構造物の変位は構造の寸法に比べて十分に小さいとの仮定のもと，式(2.11)のようにひずみを変位に対して線形であると仮定した．すなわち，変位が倍になればひずみも倍になる．しかし，変位がある程度大きくなると，この仮定は成り立たない．連続体力学の基礎方程式のうち，応力とひずみの関係に起因する非線形性を**材料非線形**とよび，ひずみと変位の関係に起因する非線形性を**幾何学的非線形**とよぶ．5.2.3 節や 5.3.2 節で述べた座屈などの構造不安定現象は幾何学的非線形によって生じることが多い．本章では，1 次元問題を例として，幾何学的非線形現象の基礎について説明する．

7.1 変位とひずみ

図 7.1 に示すように，1 次元の連続体が変形する場合を考える．変形前の任意の位置の座標を x，変形後の座標を X とすると，変位 u は以下のように変形前と変形後の座標の差で表現することができる．

$$u = X - x \qquad (7.1)$$

この変位には，剛体運動成分も含まれているため，連続体自身の変形を表現する指標としては適当ではない．そこで，連続体内の微小な線分 $\mathrm{d}x$ が変形後に $\mathrm{d}X$ になったとして，この長さの 2 乗の差をとると，

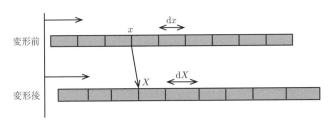

図 7.1 1 次元連続体の変形

$$\mathrm{d}X^2 - \mathrm{d}x^2 = (\mathrm{d}x + \mathrm{d}u)^2 - \mathrm{d}x^2 = \left(1 + \frac{\mathrm{d}u}{\mathrm{d}x}\right)^2 \mathrm{d}x^2 - \mathrm{d}x^2 = \left\{2\frac{\mathrm{d}u}{\mathrm{d}x} + \left(\frac{\mathrm{d}u}{\mathrm{d}x}\right)^2\right\}\mathrm{d}x^2 \quad (7.2)$$

となる. このカギ括弧の中の 1/2 を次式のようにひずみと定義する.

$$\varepsilon_x = \frac{\mathrm{d}u}{\mathrm{d}x} + \frac{1}{2}\left(\frac{\mathrm{d}u}{\mathrm{d}x}\right)^2 \quad (7.3)$$

一般に, 構造材料として用いられる材料においては, 弾性範囲ではひずみは微小である. たとえば, 鉄鋼材料の中で一般に使われている軟鋼では Young 率が 210 GPa であるのに対して, 降伏応力が 250 MPa 程度であり, 降伏までに生じるひずみは 0.1% 程度である. そこで, 式(7.3)の右辺第 2 項を十分小さいと考えて省略したものが, 次式の**線形ひずみ**である.

$$\varepsilon_x = \frac{\mathrm{d}u}{\mathrm{d}x} \quad (7.4)$$

しかし, 鋼材も塑性変形が生じるとひずみは 20〜30％ にもなり, またゴム材などではひずみが数十％〜数百％ になることもあり, 上述した近似は成立しない. そのため, 変位とひずみの関係に非線形性が生じる.

7.2　回転による幾何学的非線形

　前述したひずみが大きい場合の非線形性に加えて, 回転が生じることによっても非線形性が生じる. 簡単な例として, 図 7.2 のように, 左端にばね定数 k の回転ばねをもち, 右端に鉛直方向の荷重がかかる剛体の棒の釣合いを考える.

　初め棒は水平状態にあり, 回転端でのモーメントの釣合いから, 荷重 F と回転角 θ の関係は, 式(7.5)のように線形である.

$$Fl = k\theta \quad (7.5)$$

ところが, 変形が大きくなると, 回転端と荷重 F の作用点との距離が減少し, 回転端でのモーメントの釣合いは次式となる.

$$Fl\cos\theta = k\theta \quad (7.6)$$

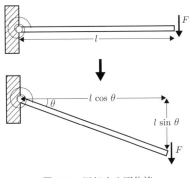

図 **7.2** 回転する剛体棒

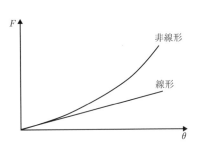

図 **7.3** 回転角と荷重の関係

すなわち

$$Fl = k\frac{\theta}{\cos\theta} \tag{7.7}$$

となる．この関係をグラフに書くと図7.3のようになる．回転が大きくなるに従って，線形の関係から次第に外れてくる．このように，回転によって非線形性が生じるのも幾何学的非線形の一種である．

これらのひずみが大きい場合の非線形性と，回転によって生じる非線形性は明確に分けることはできず，これらを合わせて**幾何学的非線形性**とよぶ．

最後に，この幾何学的非線形によって生じる特徴的な現象を見てみる．線形では，荷重が倍になれば単純に変位が倍になるだけであるが，幾何学的非線形によって不安定現象や解の枝分かれなどが発生し，これらを構造強度の観点から見たものが5.2.3項や5.3.2項で述べた座屈である．

図7.4に示すような45°傾いた2本の部材をもつ弾性変形するトラスに鉛直方向の荷重が作用する場合を考える．変形は左右対称と仮定し，鉛直荷重方向の変位をuとすると，トラスの2本の部材は，図7.5に示すように，変形前の長さが$\sqrt{2}\,l$であるものが変形後には$\sqrt{l^2+(l-u)^2}$になるので，部材のひずみは式(7.8)となる．

$$\varepsilon = \frac{\sqrt{l^2+(l-u)^2}-\sqrt{2}\,l}{\sqrt{2}\,l} \tag{7.8}$$

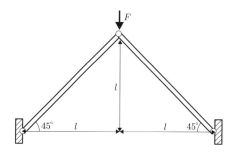

図 7.4   2 本の部材をもつトラス

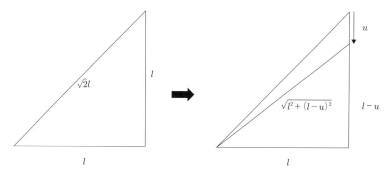

図 7.5   トラス部材の変形

Young 率を E, 断面積を A とすれば, 軸力は式(7.9)となる.

$$P = EA\varepsilon = EA\frac{\sqrt{l^2+(l-u)^2}-\sqrt{2}\,l}{\sqrt{2}\,l} \tag{7.9}$$

力の釣合いは, 図 7.6 のように変形による力の方向の変化を考慮し,

$$F + 2P\frac{(l-u)}{\sqrt{l^2+(l-u)^2}} = 0 \tag{7.10}$$

これを整理し, 荷重と変位の関係は次式のようになる.

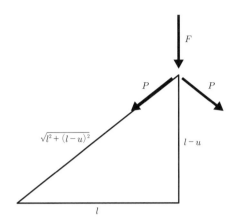

図 **7.6** トラスの荷重点の力の釣合い

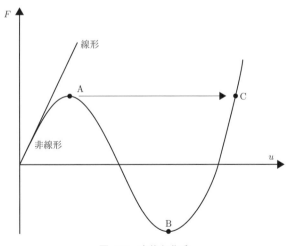

図 **7.7** 変位と荷重

$$F = -2P \frac{(l-u)}{\sqrt{l^2+(l-u)^2}} = 2EA \left[\frac{(l-u)}{\sqrt{l^2+(l-u)^2}} - \frac{(l-u)}{\sqrt{2}\,l} \right] \tag{7.11}$$

　これをグラフとして表示すると，図7.7のようになる．線形であれば，初期の傾きのまま変位の増加につれて荷重は比例して増えていくが，非線形性を考慮した式(7.11)を用いると，変位の増加に対し，A点で極大値をとり，その後変位の増加に対して荷重は負になり，B点で極小値をとり，また荷重が上がっていく関数となる．一方，荷重を負荷すると，荷重の増加とともに変位が増化し，A点で極大値をとった後に，C点に飛び移る，**飛び移り座屈**という現象が起きる．このように，幾何学的な非線形により，分岐や座屈といった複雑な現象が発生する．

8 熱応力の性質と残留応力

　本章では，はじめに高温機器に生じる代表的な荷重である熱応力について，その性質を破損への影響の観点から説明する．特に通常の機械荷重が荷重制御型応力を発生させるのに対し，熱応力は同じ大きさであればこれと比べて破損への影響の小さい変位制御型応力であるという特徴がある．次に，熱応力が原因で生じることが多い残留応力について説明する．残留応力もやはり変位制御型応力であり，溶接部で典型的に生じ溶接継手強度に影響する．

8.1　荷重制御型応力と変位制御型応力

　応力はその発生要因に基づき，**荷重制御型応力**（load-controlled stress）と**変位制御型応力**（displacement-controlled stress）に分けることでき，**熱応力は後者に分類される**．両者の違いを図 8.1 に示す長さ L，断面積 A，Young 率 E の弾性棒を用いて説明する．

8.1.1　荷重制御問題

　図 8.1 の左図の棒は外部から一定の荷重 P で引張られている．応力は外力との釣合い条件によって決まる．荷重が一定であれば応力は変形によらず一定となる．

$$\sigma = \frac{P}{A} \tag{8.1}$$

材料の構成方程式（応力-ひずみ関係）を用いるとひずみは

$$\varepsilon = \frac{\sigma}{E} \tag{8.2}$$

となる．ひずみ-変位関係から端部における変位 λ が求まる．

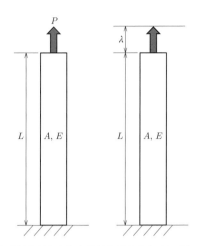

図 8.1 荷重制御型応力と変位制御型応力をそれぞれに受ける棒

$$\lambda = L\varepsilon \tag{8.3}$$

8.1.2 変位制御問題

図 8.1 の右図の棒は外部から端部に一定の変位 λ が強制的に加えられている. この場合, ひずみ-変位関係によってひずみが決まり, 変位が一定であるため応力にかかわらずひずみは一定となる.

$$\varepsilon = \frac{\lambda}{L} \tag{8.4}$$

材料の構成方程式(応力-ひずみ関係)から応力は

$$\sigma = E\varepsilon \tag{8.5}$$

となる. 最後に外力が, 応力との釣合い条件によって次のように決まる.

$$P = A\sigma \tag{8.6}$$

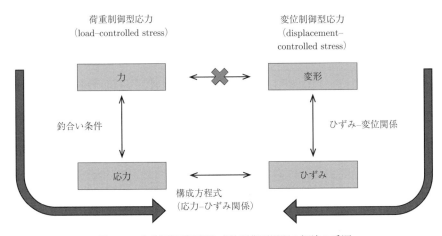

図 **8.2** 荷重制御型問題と変位制御型問題の解法の手順

　以上から，図8.2に示すように荷重制御型問題と変位制御型問題では，材料力学の基礎式である釣合い条件，材料の構成方程式，ひずみ-応力関係によって状態が決まる手順が逆であることがわかる．

8.1.3　破損への影響の違い

　次に，荷重制御型応力と変位制御型応力の破損への影響の違いを考えてみる．材料強度が何らかの理由で低下した状態を模擬して，荷重制御型応力が加わった状態で Young 率を10分の1に下げた場合を計算してみよう．Young 率を含む式(8.2)から

$$\varepsilon' = \frac{\sigma}{0.1E} = 10\varepsilon \tag{8.7}$$

となる．このため端部の変位は次のようになり，式(8.3)と比べて10倍となる．

$$\lambda' = L\varepsilon' = 10\lambda \tag{8.8}$$

　次に，変位制御型応力が加わった状態で，Young 率を10分の1に下げた場合を計算してみよう．Young 率を含む式(8.5)から

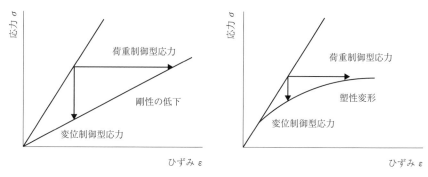

図 8.3 荷重制御型応力と変位制御型応力の材料特性の影響の違い

$$\sigma' = 0.1E\varepsilon = 0.1\sigma \tag{8.9}$$

となる．このため荷重は次のようになり，式(8.6)と比べて 10 分の 1 となる．

$$P' = A\sigma' = 0.1P \tag{8.10}$$

以上の関係を，応力-ひずみ線図上に示すと，図 8.3 の左図のようになる．Young 率を低下させた直線の代わりに弾塑性の応力-ひずみ曲線を示すと図 8.3 の右図のようになる．これは，材料が塑性変形した場合の影響を示している．つまり，荷重制御型応力が負荷されている場合に，剛性が低下すると変形が増大するのに対して，変位制御型応力が負荷される場合には，応力が低下する．以上のことから，同じ大きさであれば，荷重制御型応力は変位制御型応力に比較して，破損への影響力が大きいことがわかる．

8.2 残 留 応 力

残留応力とは外部から負荷される荷重が無い状態で，構造物中に存在する応力である．溶接施工や降伏応力を越えるような過大負荷を受けた後に構造物中に発生する．残留応力は，第 10 章で述べるような疲労強度や腐食強度に影響を及ぼすことから，それが問題となる場合は除去するための表面処理など行われる．逆に施工や製造の工夫により意図的に圧縮残留応力を形成して強度を上げる技術もある．

　次に，残留応力が生じるメカニズムを説明する．図 8.4(a)は材料試験片に単調負荷を加えた後に除荷した場合の応力-ひずみ挙動である．負荷した応力が降伏応力を越えた場合は，応力がゼロになっても塑性ひずみが残る．すなわち変位はゼロとならない．そこで，さらに変位制御型の圧縮荷重を加え，強制的に変位ゼロとした場合を考える．図 8.4(b)のように，引張応力が降伏点を少し越えた B点の程度である場合は，弾性線に沿って B 点から C 点へと状態が変化し，圧縮残留応力 C が生じる．引張応力が大きく D 点まで変形した場合は，圧縮側で逆降伏が生じ，残留応力 E が生じる．いずれにしても負荷時とは逆方向の残留応力が生じることがわかる．

　身近な残留応力は溶接施工によるものである．その様子を図 8.5 を用いて説明する．溶接時には溶融した溶接金属(灰色部分)が高温の状態で盛られ，それが溶着して冷え固まると熱収縮する．このため，熱収縮が周囲から拘束されると引張応力が生じる．また，上記の引張応力と釣合うように溶接線から離れたところに圧縮応力が生じる．さらに，開先(V 字の部分)周辺の溶接施工時に加熱される領域(**熱影響部**(heat-affected zone, HAZ))(V 字の部分外の点線で囲まれた部分)は，施工時には大きく熱膨張しようとするがそれが拘束されて大きな圧縮応力を受ける．冷却され変形がもとに戻ると，引張残留応力が残る．このように溶接継手周辺には複雑な残留応力分布が生じ，これが平均応力効果として疲労強度を低下させたり，腐食との相互作用により応力腐食割れを起こしたりする要因とな

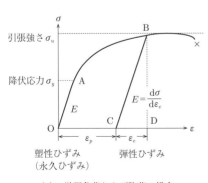

(a)　単調負荷および除荷の場合

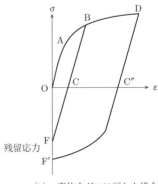

(b)　変位をゼロに戻した場合

図 **8.4**　単軸の応力-ひずみ曲線

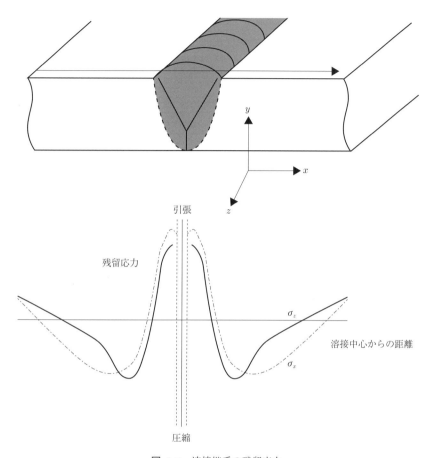

図 **8.5** 溶接継手の残留応力

る．なお，疲労や腐食については第 10 章で詳述する．

8.3 多次元熱応力

本節では，実用的な熱応力問題を扱うための準備として，多次元熱応力の基本
的な問題を解いてみる．

8.3.1　板幅方向の温度分布を受ける薄板引張問題

　図 8.6 は板幅方向（y 方向）の温度分布を受ける薄板の引張問題を示す．ここでは，y 方向に対称な温度分布による自己拘束によって x 方向応力を生じる．
　温度 T は板中心に対して対称な y 方向のみの関数である．

$$T = T(y) \tag{8.11}$$

x 方向応力は，E を Young 率，α を線膨張率とすると，板幅内温度分布による応力

$$F = -\alpha T(y)E \tag{8.12}$$

と板幅平均応力

$$\sigma_{\mathrm{mean}} = \frac{1}{2c}\int_{-c}^{c}\alpha T(y)E\,\mathrm{d}y \tag{8.13}$$

の重畳により次式のように求められる．

$$\sigma_x(y) = \frac{1}{2c}\int_{-c}^{c}\alpha T(y)E\,\mathrm{d}y - \alpha T(y)E \tag{8.14}$$

式 (8.14) は，板幅内温度分布の平均温度からの差分が応力に寄与することを示している．

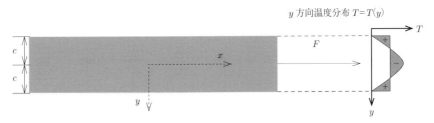

図 8.6　板幅方向（y 方向）温度分布を受ける薄板引張問題

8.3.2 板幅方向の温度分布を受ける薄板引張曲げ問題

実際には，y 方向温度分布は板幅中心軸に対して非対称に分布することが多く，その場合は，引張応力に加え曲げ応力の発生も考慮する必要がある．

熱ひずみによる曲げモーメントは次式で計算できる．

$$M = -\int_{-c}^{c} \alpha E T y \, \mathrm{d}y \tag{8.15}$$

次に弾性ひずみによるモーメントを求める．弾性ひずみによる応力 σ_x'' は弾性ひずみに比例し，弾性ひずみは y に比例することから，板端の応力を σ とすると，$\sigma_x'' = \sigma y/c$ と表すことができ

$$M = \int_{-c}^{c} \sigma_x'' y \, \mathrm{d}y = \int_{-c}^{c} \frac{\sigma y^2}{c} \mathrm{d}y \tag{8.16}$$

となる．変形後のモーメントの釣合いから

$$\int_{-c}^{c} \frac{\sigma y^2}{c} \mathrm{d}y - \int_{-c}^{c} \alpha E T y \, \mathrm{d}y = 0 \tag{8.17}$$

となる．第 1 項の積分を実行すると次式が得られる．

$$\frac{\sigma}{c} = \frac{3}{2c^3} \int_{-c}^{c} \alpha E T y \, \mathrm{d}y \tag{8.18}$$

さらに，次式が得られる．

$$\sigma_x'' = \frac{3y}{2c^3} \int_{-c}^{c} \alpha E T y \, \mathrm{d}y \tag{8.19}$$

曲げによって生じる応力 σ_x'' を式 (8.14) に加えると，トータルの応力は

$$\sigma_x = -\alpha E T + \frac{1}{2c} \int_{-c}^{c} \alpha E T \, \mathrm{d}y + \frac{3y}{2c^3} \int_{-c}^{c} \alpha E T y \, \mathrm{d}y \tag{8.20}$$

となる．

8.3.3　板幅方向の温度分布を受ける厚板引張曲げ問題

次に，図 8.7 に示すような z 方向に厚みのある平板の引張曲げ問題を考える．薄板問題との違いは，厚さ方向応力成分である σ_z と，2 応力成分間の Poisson 比 ν を介した相互作用の存在である．これらを考慮して式 (8.20) を拡張すると次式が得られる．

$$\sigma_x = \sigma_z = -\frac{\alpha TE}{1-\nu} + \frac{1}{2c(1-\nu)}\int_{-c}^{c}\alpha TE\,\mathrm{d}y + \frac{3y}{2c^3(1-\nu)}\int_{-c}^{c}\alpha ETy\,\mathrm{d}y \qquad (8.21)$$

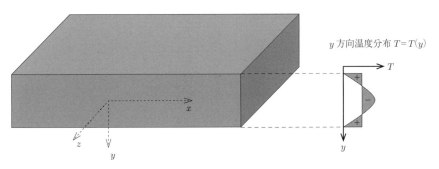

y 方向温度分布 $T = T(y)$

図 8.7　板幅方向 (y 方向) の温度分布を受ける厚板引張曲げ問題

8.3.4　板厚方向の温度勾配を受ける円筒

ボイラーの伝熱管などに適用できる典型的な実用問題として，図 8.8 に示す板厚方向の温度勾配を受ける内径 a，外径 b の円筒を考える．

温度は r 方向の関数であり，次のように表されるとする．

$$T = T(r) \qquad (8.22)$$

8.3.3 項で述べた板厚方向の温度分布を受ける厚板引張曲げ問題を円筒座標系 (r, θ, z) に拡張して解くと次の解が得られる．

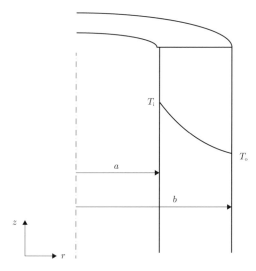

図 **8.8**　板厚方向の温度勾配を受ける円筒

$$\sigma_r = \frac{\alpha E}{1-\nu}\frac{1}{r^2}\left(\frac{r^2-a^2}{b^2-a^2}\int_a^b Tr\,\mathrm{d}r - \int_a^r Tr\,\mathrm{d}r\right) \tag{8.23a}$$

$$\sigma_\theta = \frac{\alpha E}{1-\nu}\frac{1}{r^2}\left(\frac{r^2+a^2}{b^2-a^2}\int_a^b Tr\,\mathrm{d}r + \int_a^r Tr\,\mathrm{d}r - Tr^2\right) \tag{8.23b}$$

$$\sigma_z = \frac{\alpha E}{1-\nu}\left(\frac{2}{b^2-a^2}\int_a^b Tr\,\mathrm{d}r - T\right) \tag{8.23c}$$

　なお，式(8.23c)は両端自由(軸方向変位の拘束なし)の場合の解である．
　内外面温度 T_i, T_o が規定された円筒の板厚方向の定常温度勾配は次式のように
になる．

$$T = T_i - \frac{\ln(r/a)}{\ln(b/a)}(T_i - T_o) \tag{8.24}$$

式(8.24)を式(8.23)に代入すると

$$\sigma_r = \frac{\alpha E(T_i - T_o)}{2(1-\nu)\ln(b/a)}\left\{ -\ln\frac{b}{r} - \frac{a^2}{b^2-a^2}\left(1-\frac{b^2}{r^2}\right)\ln\frac{b}{a} \right\} \tag{8.25a}$$

$$\sigma_\theta = \frac{\alpha E(T_i - T_o)}{2(1-\nu)\ln(b/a)}\left\{ 1-\ln\frac{b}{r} - \frac{a^2}{b^2-a^2}\left(1+\frac{b^2}{r^2}\right)\ln\frac{b}{a} \right\} \tag{8.25b}$$

$$\sigma_z = \frac{\alpha E(T_i - T_o)}{2(1-\nu)\ln(b/a)}\left\{ 1-2\ln\frac{b}{r} - \frac{2a^2}{b^2-a^2}\ln\frac{b}{a} \right\} \tag{8.25c}$$

が得られる．ここで，平板(薄肉円筒では良い近似となる)を仮定すると，板厚内定常温度分布は線形となり，式(8.25)は式(8.21)と同じになり，解は以下のようになる．

$$\sigma_\theta = \sigma_z = \pm\frac{\alpha E}{2(1-\nu)}(T_i - T_o) \tag{8.26}$$

式(8.26)は簡単であるが，通常の円筒や配管に対して良い近似を与える式であり，実用上有用である．本章の最後に，3次元における熱弾性問題に対する構成方程式を示す．3次元問題に関して通常は解析解を得ることが難しいことから，有限要素法などの数値解法を適用する．

$$\varepsilon_x = \frac{1}{E}\{\sigma_x - \nu(\sigma_y + \sigma_z)\} + \alpha T$$
$$\varepsilon_y = \frac{1}{E}\{\sigma_y - \nu(\sigma_z + \sigma_x)\} + \alpha T$$
$$\varepsilon_z = \frac{1}{E}\{\sigma_z - \nu(\sigma_x + \sigma_y)\} + \alpha T$$
$$\gamma_{yz} = \frac{2(1+\nu)}{E}\tau_{yz}$$
$$\gamma_{zx} = \frac{2(1+\nu)}{E}\tau_{zx}$$
$$\gamma_{xy} = \frac{2(1+\nu)}{E}\tau_{xy}$$
$$\tag{8.27}$$

上式において，熱の影響は垂直成分のみに現れる．

9 応 力 集 中

　本章では，次章で述べる材料強度論の基礎として，応力集中の概念について説明する．

　図9.1(a)のような平板を引張る場合，断面が一様ならば，応力値は $\sigma=F/Bt$ となる．もし断面が一様でなく，図9.1(b)のように，円孔などで一部分の断面積が小さくなると，最小断面に発生する応力は $\sigma_0=F/bt$ と単純に均一にはならず，円孔周辺の応力が局所的に σ_0 より高くなる．このように，部材の形状が急激に変化する部分の近傍の応力が局所的に極めて高くなることがある．この現象を**応力集中**とよぶ．現実の構造物では応力集中部分からの破壊が多いため，強度評価の際には重要となる．円孔の他，切欠き(図9.2(a))，き裂(厚みがゼロとみなせる隙間，図9.2(b))，角部(図9.2(c))などにおいて応力集中が発生する．

　応力集中の度合いを定義するためには，**応力集中係数**という指標が用いられる．これは，最大応力を何らかの基準応力(たとえば，図9.1の円孔を有する帯板の場合であれば $\sigma_0=F/bt$)で割った値であり，$\alpha=\sigma_{\max}/\sigma_0$ で定義される．具体的な例をいくつか述べる．

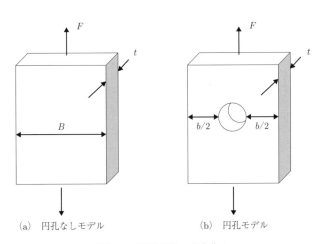

(a)　円孔なしモデル　　　　　　(b)　円孔モデル

図 9.1　円孔周辺の応力集中

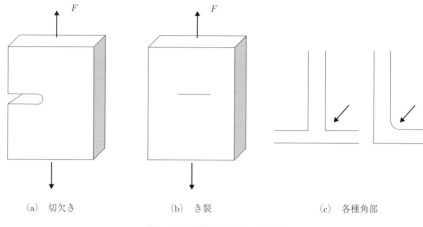

(a) 切欠き   (b) き裂   (c) 各種角部

図 **9.2** 代表的な応力集中部

図 9.3 は半径 a の円孔を含む無限大の板を無限遠方で等分布荷重 σ_0 で引張った場合である．この際の応力 σ_y の x 軸上での分布は，式(9.1)のようになる[*1]．

$$\sigma_y = \frac{\sigma_0}{2}\left(2 + \frac{a^2}{x^2} + 3\frac{a^4}{x^4}\right) \tag{9.1}$$

式(9.1)では，円孔の表面 $x=a$ で応力が最大となり，$\sigma_{\max}=3\sigma_0$ が得られる．よって，応力集中係数は $\alpha=3$ である．一般に，応力集中係数は 2〜5 程度の場合が多い．

次に，図 9.4(a)のような有限幅の帯板の応力集中係数を考える．帯板の幅を $2b$，厚さを h とする．縦方向には十分に長いものとし，荷重 P で引張る（等分布荷重に換算すると $\sigma_0=P/2bh$ となる）．円孔の縁で応力 σ_y は最大となり，最小断面に引張応力が一様に分布すると考えて得られる応力 $\sigma_n=P/2(b-a)h$ を基準応力として用いると，応力集中係数 α は図 9.4(b)のように，円孔の直径と板幅の比 a/b の関数として表される．$a/b=0$ の場合が，上述した無限平板中の円孔の応力集中で $\alpha=3$ となる，a/b が大きくなるほど α は減少し，円孔の直径が板幅の大きさに近づくと $\alpha=2$ になる．

[*1] 弾性論から理論的に計算される．

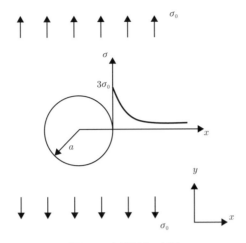

図 **9.3** 無限板中の円孔

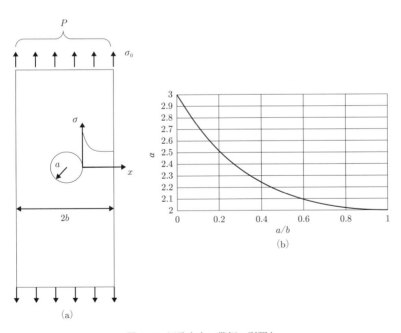

図 **9.4** 円孔をもつ帯板の引張り

　図 9.5 はだ円孔周辺の応力集中の例であり，先端の曲率半径 $\rho = b^2/a$ を使って，最大応力は，

$$\sigma_{\max} = \sigma_0\left(1 + 2\sqrt{\frac{a}{\rho}}\right) \tag{9.2}$$

となり，応力集中係数は

$$\alpha = \left(1 + 2\sqrt{\frac{a}{\rho}}\right) \tag{9.3}$$

となる．ρ が小さくなると α が急増することがわかる．この特性については，10.2.1 項で改めて詳述する．

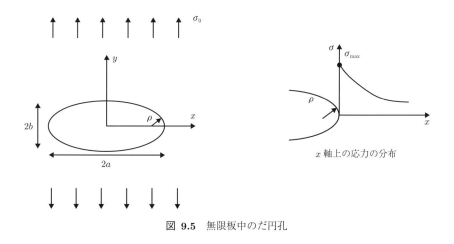

図 **9.5**　無限板中のだ円孔

10 材料強度論の基礎

　これまで，主に力を受けた固体や構造物のマクロな変形挙動を記述する理論について説明してきたが，過大な荷重を受けたり小さくても繰り返し荷重を受けるなどの力学環境においては固体や構造物が破損・破壊する．本章では，固体や構造物の基本的な破損・破壊現象について説明する．具体的には，まず，破損・破壊現象について実現象の視点やミクロな視点から概要を説明する．続いて，破損・破壊現象についてマクロな視点から説明し，変形と破損・破壊を結びつける．

10.1　材料の破壊挙動（現実の挙動，ミクロな視点）

10.1.1　理　想　強　度

　4.2節でも少し述べたように，金属に代表される固体材料はそもそも原子・分子から構成されており，さらに，より中間的な構造として結晶構造を有している場合も多い．このようなミクロあるいはメゾスコピックな構造を有する固体材料に荷重を負荷し，荷重を増大していくとやがて静的破壊に至る．この静的破壊のメカニズムは非常に複雑であり，現在でもわかっていない点が多い．本項では，まず，図10.1(a)のように，あらゆる場所で結晶構造と結晶方位が一律である単結晶の静的破壊を考える．実際の材料は，結晶粒界で区分された領域ごとに結晶方位が異なる多結晶材料である．図10.1(b)に多結晶材料を概念図として示すが，実際の多結晶構造はもっと複雑である．多結晶材料の破壊は，10.1.2項の最後で説明する．

　まずは，図10.2(a)のようにまったく欠陥がない結晶格子が引張応力を受ける際に，図10.2(b)のように，脆性的に破壊するために必要な応力を考える．

　図10.2(c)の破線のように，格子間距離 a_0 の単結晶に，引張応力 σ が作用すると，結晶格子間距離 x と応力との関係は波長 λ の正弦波曲線で近似できる．つまり，σ–x 関係は

 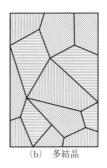

(a) 単結晶   (b) 多結晶

図 10.1 単結晶と多結晶

$$\sigma = \sigma_c \sin \frac{2\pi x}{\lambda} \tag{10.1}$$

で近似的に表現できる．ここで，σ_c は臨界引張応力，x は平衡位置からの変位である．x が小さいとき，つまりひずみが小さいときには次式の近似関係が成立する．

$$\sigma \approx \sigma_c \frac{2\pi x}{\lambda} \tag{10.2}$$

一方，ひずみに対しては Hooke の法則から次式が成立する．

$$\sigma = E \frac{x}{a_0} \tag{10.3}$$

これらの右辺を等値することにより

$$\sigma_c = \frac{\lambda E}{2\pi a_0} \tag{10.4}$$

が導かれる．σ を増大していくと，やがて図 10.2(b) のように原子面が分離するが，分離することにより新しい 2 つの表面，つまり破面が形成される．原子面の分離に要した仕事のすべてが，新しい表面のもつ表面エネルギーに変換される．原子面の分離に要した仕事は図 10.2(c) の灰色で示す面積に等しいが，単位面積あたりについて近似的に次式から評価できる．

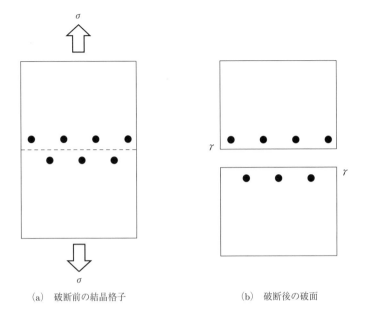

(a) 破断前の結晶格子 (b) 破断後の破面

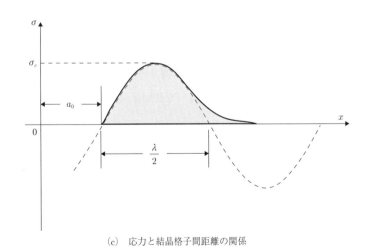

(c) 応力と結晶格子間距離の関係

図 10.2 結晶の理想的引張強度計算のためのモデル

$$2\gamma = \int_0^{\lambda/2} \sigma \, \mathrm{d}x = \int_0^{\lambda/2} \sigma_c \sin \frac{2\pi x}{\lambda} \, \mathrm{d}x = \frac{\lambda \sigma_c}{\pi} \tag{10.5}$$

ここで，γ は表面エネルギーであるが，2つの表面が形成されることから 2γ となる．式(10.4)と式(10.5)から，引張破壊強度は

$$\sigma_c = \sqrt{\frac{\gamma E}{a_0}} \tag{10.6}$$

と求まる．完全結晶に対して評価されるこの引張強度 σ_c のことを引張りに対する**理想強度**とよぶ．一般的には，$\sigma_c \approx E/10$ のオーダーとなる．たとえば，鉄のYoung率を入力すると，理想強度は 20×10^9 Pa（$= 20$ GPa）程度となる．

　実際には，材料の表面や内部にき裂が存在することにより，引張強度は理想強度よりも著しく低下する．たとえば，内部にき裂をまったく含まない単結晶シリコンでも，表面の加工の影響を受け，マクロな引張強度は理想強度が 10 GPa 程度に対して，数百 MPa 程度まで低下する．MEMS[*1] のような数 μm の微小構造においては，含まれる表面き裂のサイズも相対的に小さくなるため，1 GPa を超える破壊応力が得られているが，理想強度と比較して1桁程度の差がある．

　次に，せん断応力が負荷された場合の理想強度を考える．引張りの場合と類似の議論により，式(10.7)のような理想強度が求められている．ここで G は横弾性係数である．

$$\tau_{\max} \approx \frac{G}{2\pi} \tag{10.7}$$

　しかしながら，実際の結晶にせん断応力を負荷すると，上記の理想せん断強度の応力よりはるかに低い応力（$10^{-5} \sim 10^{-3}$ GPa のオーダー）で結晶は塑性変形をする．これは，結晶構造の中に含まれる転位によるものである．転位とは図 10.3 に示すような原子の線上のずれであり，せん断応力 τ を受けると結晶中を移動する．ミクロスコピックな破壊現象に関しては，工学教程『材料力学III』の 7.1 節で詳述する．

[*1]　microelectro-mechanical systems の略．マイクロメートルサイズの微小機械やデバイスのこと．

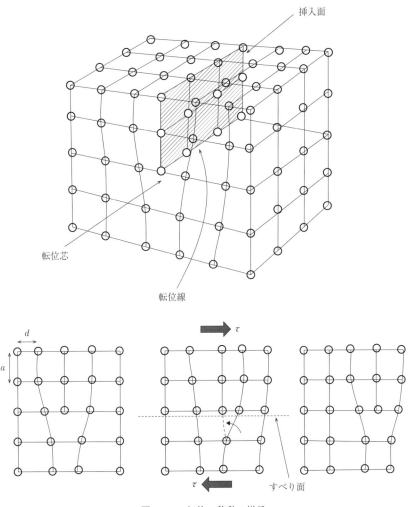

図 **10.3** 転位の移動の様子

10.1.2 破壊機構(へき開・ボイド・すべり面分離)

　前項では, 固体の原子レベルの微視的側面から理想的な破壊強度を説明した.
マクロスコピックな側面から破壊を観察するとき, 破壊の結果として破面が残さ

れる．破面の観察によって，破壊の過程や機構を解析する学問分野を**フラクトグ**
ラフィ(fractography)とよぶ．たとえば，S45C 材に引張荷重を負荷して破断さ
せた後に，破断面を電子顕微鏡で観察すると図 10.4 のような**ディンプル**(dim-
ple)とよばれる画像が確認される．この結果，破壊様式が延性破壊であることが
推定できる．フラクトグラフィの整理によると，金属材料の破壊機構は，微視レ
ベルでの引張分離に対応する**へき開**，せん断分離に対応する**ボイド**(void)の成長
と合体，および**すべり面分離**の3種類に大別される．

　へき開は比較的低いひずみで，特定のへき開面に沿って発生し，塑性変形はほ
とんど伴わない．破面の特徴は，**ファセット**(facet)とよばれる小さな面を単位
として，平坦で無特徴な面として観察される．多結晶体では，図 10.5 に示すよ
うに，結晶粒ごとにもっとも弱い面に沿って破壊する粒内破壊の場合と，粒界に
沿う粒界破壊の場合がある．多結晶体では，個々の結晶粒ごとに方位が異なるの
で，巨視的な破面が最大引張応力に垂直であっても，結晶粒ごとにその面からは
わずかに外れた面で破壊する．この結果ファセットのような小さい面の単位とな
るのである．

　せん断分離では，材料内に第2相粒子が存在すると，その近辺ですべりが阻止
されることから空隙が発生し，これを起点としてボイドとして成長する．ボイド
は成長に伴って互いに合体する．この場合も粒内に沿って破壊する場合と粒界に

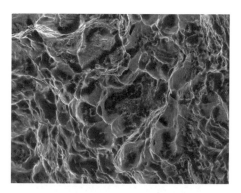

図 10.4　S45C 引張試験破面の電子顕微鏡像(倍率：2500)
　　　　　材料学会フラクトグラフィーデータベース，
　　　　　http://www.fractography-database.org/html/
　　　　　datasheet_list.html

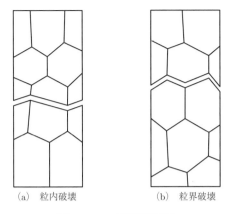

(a) 粒内破壊   (b) 粒界破壊

図 **10.5** へき開破壊機構

沿って破壊する場合がある.できた破面を電子顕微鏡で高倍率で観察すると多く
のくぼみ模様が観察される.このくぼみ模様はディンプルとよばれる.くぼみの
内部には,非金属介在物に代表される第2相粒子が観察される.つまり,材料内
の第2相粒子のまわりにボイドが発生し,このボイドが塑性変形に伴って成長,
合体した結果破面が形成されたものと理解できる.

　一方,高純度金属においては,核となる第2相粒子が存在しないので,ボイド
が形成されず,純粋すべりのみの結果として表面積が増大していく.表面と破面
は区別がつかず,すべり模様が観察される.粒内破壊の場合,やがて絞りが100
% に達し,点状破壊が発生する.このような破壊形態をすべり面分離とよぶ.

10.1.3　クリープ変形

　6.3 節に説明したように,材料に負荷する応力が一定であっても,高温におい
ては変形が時間とともに進行してしまう.この現象を**クリープ**(creep)という.
クリープによってタービン翼などの変形が増大すると,本来期待されていた機械
性能が発揮できなくなってしまうばかりではなく,タービン翼が周辺機器と接触
すると事故につながる.また,ボイラ配管などでクリープ損傷が蓄積すると,配
管が破れて事故につながることもある.クリープの変形特性は,ぶら下がった重
りにより一定荷重が試験片に負荷されるクリープ試験機により得ることができ

る．クリープ試験により，試験片の伸びの時間変化を計測すると図6.11のような
データが得られる．クリープの変形は3つの区間に分けられ，各々を1次ク
リープ(遷移クリープ)，2次クリープ(定常クリープ)，3次クリープ(加速クリー
プ)とよぶ．通常は，クリープ寿命の大半を2次クリープの領域が占めるので，
設計段階では温度と応力に対する固有のクリープ速度を用いて，寿命予測を行っ
た上で，十分な安全裕度をとった設計が行われる．

10.1.4 疲　　労

構造物が変動荷重を受ける場合の代表的な破損様式に**疲労破壊**がある．疲労と
は，1回の負荷では破壊しないような小さい荷重であっても，繰り返し負荷する
ことによって，構造物中に疲労き裂が発生・進展し，ついには破断に到る現象で
ある．材料に応力が作用すると，それが小さな値であっても，10.1.1項で述べた
ように，材料中に存在する転位は運動し，それが束になったすべり帯が形成され
る．せん断応力の繰り返しによって累積したすべり変形の集中域に生じる入込み
(凹部)や突出し(凸部)が発達する(図10.6(a)参照)．そして，第9章で述べたよ
うな応力集中によって，すべり帯に沿って疲労き裂が生じるとされている．な
お，こうして発生したき裂が図10.6(b)に示すように繰り返し荷重下で徐々に大
きく成長する(き裂進展)過程については，10.2.4項で改めて述べる．

10.1.5 腐　　食

材料は，時間の経過とともに劣化が進行するが，**腐食**や**減肉**はその中でも代表
的なものである．プラントの健全性を確保するためには，設計時にこれらの損傷
モードを考慮しておくことが重要であるが，運用が開始された後にも，これらの
損傷を的確に把握し管理することが極めて重要である．これは，腐食・減肉現象
が未だに未解明な部分が多く，完全に防ぐことができないためである．そのた
め，腐食・減肉の発生を予防するための最大限の努力が必要であるが，それでも
防ぎきれない部分についてはあらかじめ損傷の進行を予想した上で，安全上の管
理をすることが重要である．
腐食発生のメカニズムとして，さまざまなものが存在することが明らかとなっ
ている．本項ではその中でも代表的なものとして**電解腐食**について取り上げる．

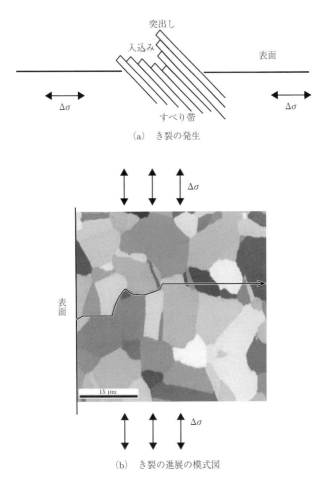

(a) き裂の発生

(b) き裂の進展の模式図

図 10.6 疲労き裂の発生と進展

図 10.7 は **Volta**(ボルタ)**の電池**の原理を示す. 実はこの中に電解腐食のメカニズムが隠されている. 希塩酸の中に, 亜鉛 Zn と銅 Cu が存在し, 両者を電球を介してケーブルで接続すると, Zn と Cu の間で電位差を生ずる. その結果, 電球が点灯する. 金属にはイオン化傾向の程度を表す**活性化**という特性があり, 金属ごとに異なる. Zn の活性は Cu に比べて大きいので, Zn^{2+} イオンが希塩酸中に溶出する. その際, 電子を Zn 基板上に残していく. ここで貯まった電子は,

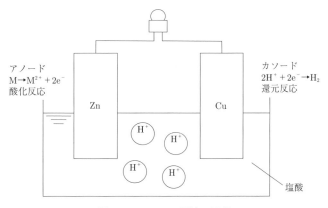

アノード
$M \rightarrow M^{2+} + 2e^-$
酸化反応

カソード
$2H^+ + 2e^- \rightarrow H_2$
還元反応

Zn

Cu

H⁺ の位置：H^+ H^+ H^+ H^+

塩酸

図 10.7　Volta の電池の原理

反対側の Cu の方に流れていく．その際に電球が点灯することになるが，Cu 板
上では，電子が希塩酸中の H^+ と結合して水素ガスが発生する．この場合，電子
が流れ出す側を**アノード**(anode)とよび，流れ込む側を**カソード**(cathode)とよ
ぶ．ボルタの電池の場合には Zn がアノード，Cu がカソードである．この電解
現象の結果，Zn の側は腐食が進行してしまうものの，Cu の側は水素が発生する
のみで，金属にはまったく影響がない．したがって，Zn を構造部材として利用
している場合には，腐食が進行するので望ましくない状況が発生する．しかし，
見方を変えて，Cu の側が構造部材である場合はどうであろうか．この場合，守
られるべき Cu の側には影響が出ず，Zn の側のみの腐食が進行する．つまり，
Zn を犠牲とした上で，Cu の腐食を防止するという考え方が成立する．腐食を防
止する技術を**防食**とよぶが，このように守るべき金属の電位を不活性域にしてカ
ソードにする技術を**カソード防食**という．カソード防食は，地中の埋設管の防食
などで広く利用されている．
　機械設計においては，とかく機能上のことや過大荷重に対する強度のことのみ
に目が向けられがちであり，知らず知らずのうちに活性の異なる金属を接触させ
るようなことが起きがちである．異なる種類の金属材料が電気的に接触し腐食環
境中に置かれると，上記の Volta 電池のような機構で腐食が加速してしまうので
注意が必要である．
　鉄に一定量以上のクロム Cr を含ませた合金鋼であるステンレス鋼は，材料の

表面に強固な酸化被膜が形成されることにより，強い耐食性を示す．このため，日常生活においても，台所などの水環境の場所において利用されている．化学プラントや，発電プラントにおいて，高度の耐食性を求められる場所にはステンレス鋼が用いられている．ステンレス鋼は酸化被膜に守られている条件では，良好な耐食性能を示す．しかし，図 10.8 のようにひとたび何らかの原因で酸化被膜が破られる事態が発生すると，酸化被膜が破られた部分では金属材料が直に液体と接することとなるのに対して，それ以外の部分は酸化被膜によって液体と接することはない．金属のイオン化傾向の程度に応じて金属イオンが溶出すると，これはまさに図 10.7 のアノード部に相当する．ここで発生した電子は，周辺の酸化被膜部分に流れることになり，これはカソード部に相当する．つまり，局部的に Volta 電池が形成されたのと同じ状況が発生する．この結果，溶液と接触している部分は，急速に削られていき，**腐食ピット**(pit)が形成される．酸化被膜が破られる原因としては，10.1.4 項で述べたように繰り返し応力に伴って局部的なすべりが発生し，表面上で酸化被膜が破られることが考えられている．これ以外にも，8.2 節で述べた溶接部近傍では，表面に引張残留応力が残るので，これに起因して酸化被膜が破られるメカニズムが考えられている．このように，応力が負荷されている条件で腐食環境にさらされると，たとえ耐食性材料でも腐食が発

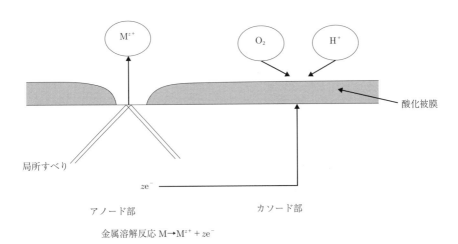

図 10.8 応力腐食割れのメカニズム

生してしまう可能性があるので注意が必要である．このような現象は**応力腐食割れ**（stress corrosion cracking, SCC）とよばれる．かつて，原子力発電プラントの耐圧部において，耐食性の強いステンレス鋼が使われていたにもかかわらず応力腐食割れがたびたび観察されたことがあった．因果関係を調べた結果，その多くが化粧溶接をした部分であることが判明した．化粧溶接というのは，表面上の傷などを削った後に，見かけを改善するために行う溶接技術であるが，このような行為は見た目は改善しても，溶接残留応力という問題を残してしまう．したがって，何が構造部材の健全性維持のために重要であるかという視点を常に養っておくことが重要である．

10.2　材料破壊の力学的評価

10.1 節では，材料の実際の破損や破壊の様子，また，ミクロな破損や破壊の様子について説明した．本節では，連続体的視点，マクロな視点に基づき，材料の破損や破壊について説明する．

6.1.3 項で述べた構造部材の断面が全面降伏することによって生じる塑性崩壊とは異なり，構造物中に存在するき裂やき裂状欠陥を起点とする脆性破壊はき裂先端の局所的な力学条件によってその発生が決まる．本節ではそのような特徴を有する破壊について説明する．

10.2.1　き裂の力学の基礎（線形破壊力学）

第 9 章で述べたように，図 9.5 に示すように長径と短径がそれぞれ a, b のだ円孔を有する 2 次元線形弾性体に一様応力 σ が作用する場合を考える．長径端における応力は

$$\sigma_{\max} = \sigma\left(1 + 2\sqrt{\frac{a}{\rho}}\right) \tag{10.8}$$

と表される．ここで，端部の曲率半径 $\rho = b^2/a$ である．

$\rho \to 0$ の極限でだ円孔は図 10.9 に示すようにき裂（厚みがゼロとなる隙間）となり，この場合の応力は無限大となる．き裂の問題も弾性論に基づき理論的に解くことができる．一般に，き裂先端近傍の応力分布は次式のように表すことができる．

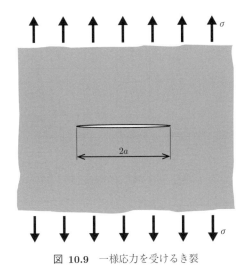

図 **10.9** 一様応力を受けるき裂

$$\sigma_{ij} = \frac{k}{\sqrt{r}} f_{ij}(\theta) + \sum_{m=0}^{\infty} \left(A_m r^{m/2} g_{ij}(\theta) \right) \tag{10.9}$$

ここで，図 10.10 に示すように (r, θ) はき裂先端を中心とし，き裂前方を $\theta=0$ とする極座標である．き裂先端近傍の応力分布は $1/\sqrt{r}$ の特異性を有し，$r \to 0$ の極限において，右辺第 1 項が支配的となる．一般に弾性体の応力場は物体の形状や負荷形式などの状態によって決まるが，き裂の先端近傍に限れば第 1 項の特異項のみを考慮すればよい．

き裂が受ける変形モードには図 10.11 に示すように 3 種類ある．**モード I は開口型**，**モード II は面内せん断型**，**モード III は面外せん断型**とよばれる．モード I の変形と応力の分布はき裂面 $(y=0)$ に対して対称である．モード II はき裂面に対して反対称，モード III は面外にのみ変位の成分を有する．以後は，多くの破壊現象においてもっとも重要なモード I について説明する．

モード I における特異応力場は次式で表される．

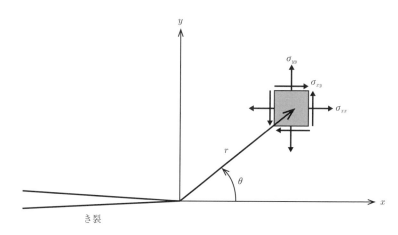

図 **10.10** き裂先端近傍の座標系

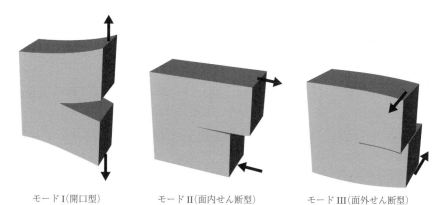

モード I（開口型）   モード II（面内せん断型）   モード III（面外せん断型）

図 **10.11** き裂が受ける変形モード

$$\sigma_{xx} = \frac{K_{\mathrm{I}}}{\sqrt{2\pi r}} \cos\frac{\theta}{2} \left[1 - \sin\frac{\theta}{2} \sin\frac{3\theta}{2} \right]$$

$$\sigma_{yy} = \frac{K_{\mathrm{I}}}{\sqrt{2\pi r}} \cos\frac{\theta}{2} \left[1 + \sin\frac{\theta}{2} \sin\frac{3\theta}{2} \right] \tag{10.10}$$

$$\sigma_{xy} = \frac{K_{\mathrm{I}}}{\sqrt{2\pi r}} \cos\frac{\theta}{2} \sin\frac{\theta}{2} \cos\frac{3\theta}{2}$$

また，き裂先端近傍の変位(特異応力場に対応する成分)は次式のように表される．

$$u_x = \frac{(1+\nu)K_{\mathrm{I}}}{E}\sqrt{\frac{r}{2\pi}}\,\cos\frac{\theta}{2}\Big[\kappa-1+2\sin^2\frac{\theta}{2}\Big]$$

$$u_y = \frac{(1+\nu)K_{\mathrm{I}}}{E}\sqrt{\frac{r}{2\pi}}\,\sin\frac{\theta}{2}\Big[\kappa+1-2\cos^2\frac{\theta}{2}\Big] \tag{10.11}$$

ここで，ν は Poisson 比であり，$\kappa=(3-\nu)/(1+\nu)$(平面応力)，$\kappa=3-4\nu$(平面ひずみ)である．

K_{I} は**応力拡大係数**とよばれるパラメータで，特異応力場の強さを表すものである．式(10.10)からもわかるように，応力拡大係数は「応力×$\sqrt{\text{長さ}}$」の次元を有し，MPa$\sqrt{\mathrm{m}}$ の単位が使用されることが多い．

図 10.12 に示されるような一様引張応力 σ を受ける無限板中の長さ $2a$ のき裂に対する応力分布は次式のように表される．

$$\sigma_{yy}(x)=\begin{cases} \dfrac{\sigma|x|}{\sqrt{x^2-a^2}} & (|x|>a) \\[2mm] 0 & (|x|<a) \end{cases} \tag{10.12}$$

上式は $x=r+a\,(r\ll a)$ において，

$$\sigma_{yy}(r)=\frac{\sigma\sqrt{\pi a}}{\sqrt{2\pi r}} \tag{10.13}$$

と表されることから，式(10.10)の第 2 式と比較して，

$$K_{\mathrm{I}}=\sigma\sqrt{\pi a} \tag{10.14}$$

であることが確認できる．

図 10.13 に示されるような，半無限板中に存在する長さ a のき裂に対する応力拡大係数は次式で与えられる．

$$K_{\mathrm{I}}=1.12\sigma\sqrt{\pi a} \tag{10.15}$$

図 10.14 に示されるような，遠方で一様応力が作用する 3 次元無限体中に存在する半径 a の円盤状き裂(き裂面は応力方向に垂直)に対する応力拡大係数は次式

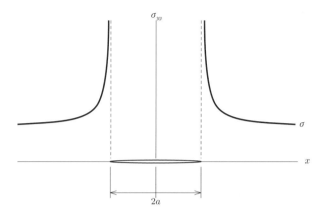

図 **10.12**　き裂線上のき裂面直角方向応力の分布

図 **10.13**　一様応力を受ける
半無限板中のき裂

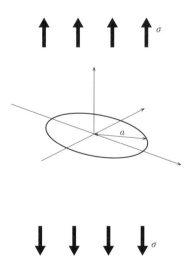

図 **10.14**　一様応力を受ける 3 次元
無限体中の円盤状き裂

で与えられる.

$$K_{\mathrm{I}} = \frac{2}{\pi} \sigma \sqrt{\pi a} \tag{10.16}$$

き裂を有する試験片や構造部材中に存在するき裂に対する応力拡大係数は応力拡大係数ハンドブックで確認することができる.さらに複雑な形状の場合には有限要素法を用いて数値的に求めることもできる.

10.1.1 項で述べたように,き裂が進展すると新たな表面が形成されるために,き裂進展にはエネルギーを必要とする.き裂を有する弾性体はき裂進展に見合うエネルギーを供給する必要がある.これを**エネルギー解放率**という.線形弾性体におけるエネルギー解放率は

$$G = \frac{K_{\mathrm{I}}^2}{E'} \tag{10.17}$$

と表される.ここで,$E' = E$(平面応力),$E' = E/(1-\nu^2)$(平面ひずみ)である.

式(10.10)から明らかなように,応力拡大係数が決まればき裂先端近傍の特異応力場はすべて記述できる.一方,実際の材料(特に金属材料)では6.1.1 項で述べたように降伏現象が起きるので,き裂先端には塑性域が形成されて応力が特異性を有することはない.ただし,この塑性域がき裂長さに比べて十分に小さければ,塑性域を取り囲む弾性域には近似的に式(10.10)で表される応力場が形成されるものと考えることができる.この場合,塑性域内の応力やひずみの分布は未知であるものの,それらは材料の応力-ひずみ曲線が一定であれば応力拡大係数によって一意的に定まるものと考えることができる.このような状態を**小規模降伏**(small-scale yielding)という.脆性破壊をはじめとする破壊がき裂先端塑性域内で発生する場合,その破壊条件を応力拡大係数 K によって記述できるのはそのためである.このようにき裂先端近傍を除いてほぼ線形弾性状態を仮定でき,き裂先端を起点として生じる破壊挙動を応力拡大係数などのマクロスコピックな力学パラメータを用いて論じる学問分野を**線形破壊力学**(linear fracture mechanics)とよぶ.応力拡大係数 K やエネルギー解放率 G は**破壊力学パラメータ**とよばれる.

簡単のために,図 10.15 に示されるように,材料の降伏応力を σ_{Y} とし,式(10.10)においてき裂前方($\theta = 0$)の応力 σ_{yy} が σ_{Y} と等しくなる距離 r_{Y} を求めると,

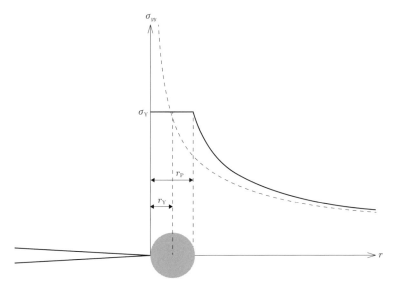

図 **10.15**   き裂先端近傍の塑性域

次式で表される.

$$r_Y = \frac{1}{2\pi}\left(\frac{K_I}{\sigma_Y}\right)^2 \tag{10.18}$$

　実際の塑性域寸法 r_P は応力の再配分によって上式の2倍となる．平面ひずみ条件では厚さ方向の応力も作用するために r_Y はこれよりも小さくなり，次のようになる.

$$r_Y = \frac{1}{6\pi}\left(\frac{K_I}{\sigma_Y}\right)^2 \tag{10.19}$$

たとえば，降伏応力が 400 MPa の材料において，き裂長さが 100 mm，負荷応力が 200 MPa の場合の塑性域寸法を算定するために，式(10.14)を適用すると，式(10.18)より，

$$r_\mathrm{P} = \frac{2}{6\pi}\left(\frac{\sigma\sqrt{\pi a}}{\sigma_\mathrm{Y}}\right)^2 = \frac{2}{6\pi}\left(\frac{200\sqrt{\pi(100/2)}}{400}\right)^2 = 4.2 \text{ mm}$$

が得られる.

　平面応力および平面ひずみ状態においてき裂先端近傍の応力分布が式(10.10)で表される場合,相当応力が降伏応力よりも大きくなる領域を図示すると図10.16のようになり,これが近似的に塑性域の広がりと考えることができる.平面ひずみ状態のほうが板厚方向(き裂先端前縁に沿う方向)への変形が拘束されるため塑性域が小さくなる.

　負荷応力が大きくなり,き裂先端塑性域が拡大して小規模降伏条件を満たすことができなくなり,大規模降伏状態あるいは全面降伏状態になると,線形破壊力学が適用できなくなる.その場合,非線形破壊力学とよばれる新たな理論が必要となる.非線形破壊力学については,工学教程『材料力学III』の7.2節で詳述する.

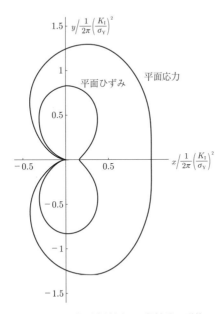

図 **10.16**　き裂先端周辺の塑性域の形状

10.2.2　脆　性　破　壊

　脆性破壊とはマクロ的な応力や変形が小さい状態で不安定的に発生する破壊のことをいう．炭素鋼では多くの場合，10.1.2 項で述べたへき開破壊によって脆性破壊が起きる．一方，高力アルミニウム合金における脆性破壊は 10.1.2 項で述べたようにミクロボイド合体型破壊によって起きることが多い．脆性破壊に対する材料の抵抗を**靱性**，あるいは，**破壊靱性**とよぶが，その定義と物理的意味合いは材料や評価方法によって変わるので注意が必要である．

　炭素鋼のようにへき開破壊を生じる材料では，図 10.17 に示すような延性-脆性遷移挙動を示すことが多い．平滑試験片では試験温度の低下に伴って破壊応力（この場合には引張強さ）が上昇する．ところが，切欠きやき裂による応力集中を設けた試験片では，ある温度を境として低温側で破壊応力が急激に低下する．これが延性-脆性遷移現象であり，低温側でへき開型の脆性破壊を生じ，高温側では延性破壊を生じる．

　延性-脆性遷移挙動，および靱性を評価するもっとも簡便な方法はシャルピー

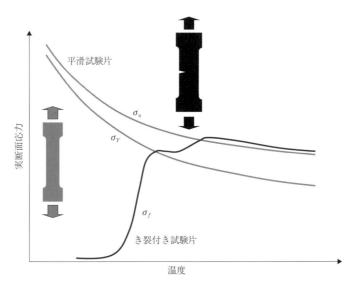

図 10.17　平滑試験片と切欠き付き試験片の破壊応力の温度に対する変化（模式図）

衝撃試験であり，工業的に広く適用されている（日本工業規格 JIS Z2242）．この試験では，2 mm 深さの機械加工切欠きを設けた 10 mm×10 mm×55 mm の試験片を所定温度に保持し，振り子式ハンマーで打撃を与えて試験片を破断させ，その際の吸収エネルギーを計測する．遷移温度または特定温度（構造物の最低使用温度など）の吸収エネルギーをその材料の靭性の指標とする．

　シャルピー衝撃試験における延性-脆性遷移現象は次のように解釈することができる．へき開脆性破壊は「応力支配型」の破壊である．すなわち，温度にあまり依存しないへき開破壊応力 σ_f が材料の破壊抵抗としてあり，一方，切欠き底には局所的に高い応力 σ_{local} が作用し（降伏応力の 2 倍程度），σ_{local} が σ_f に達した時点でへき開脆性破壊が発生するものと考える．降伏応力の温度依存性を考慮すれば，ある温度を境として低温側でへき開脆性破壊が生じることが理解できる．図10.18 にその様子を模式的に示す．

　シャルピー衝撃試験は簡便であるが，詳細な脆性破壊評価には破壊力学に基づく評価が必要となる．米国機械学会の ASTM E399 平面ひずみ破壊靭性試験法が破壊靭性値を求めるためのもっとも代表的なものである．この試験法では切欠き付き曲げ試験片が多く用いられる．試験片にあらかじめ繰り返し荷重をかけて機械切欠先端から数 mm 程度の疲労予き裂を導入しておく．図 10.19 に示すように，所定温度に保持した試験片に準静的曲げ荷重を作用させて疲労予き裂先端から脆性破壊を発生させる．き裂端の開口変位をクリップゲージにより計測する．図 10.20 にその様子を模式的に示す．脆性破壊発生荷重 P_Q に対応する応力拡大係数（これを破壊靭性値 K_Q とする）を求める．

$$K_Q = \frac{P_Q}{B\sqrt{W}} f(a/W) \tag{10.20}$$

ここで，a は予き裂長さ，B と W はそれぞれ，試験片の厚さと幅である．また，f は a/W の関数である．K_Q が以下の条件式

$$
\begin{aligned}
&0.45 \leq a/W \leq 0.55 \\
&B, \quad a \geq 2.5\left(\frac{K_Q}{\sigma_Y}\right)^2 \\
&P_{max} \leq 1.10 P_Q
\end{aligned}
\tag{10.21}
$$

を満足する場合に，その値を平面ひずみ破壊靭性値 K_{Ic} とする．K_{Ic} はその温度

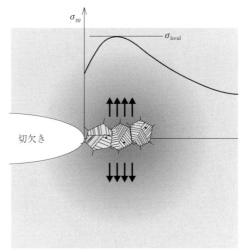

（a）　切欠き前方の応力分布（模式図）

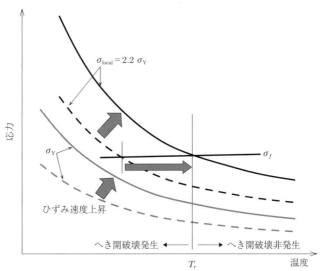

（b）　シャルピー衝撃試験延性‒脆性遷移現象の応力論に基づいた説明

図 **10.18**　シャルピー衝撃試験における延性‒脆性遷移現象（模式図）

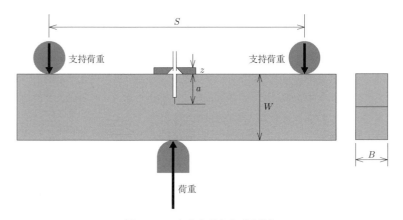

図 **10.19** 切欠き付き曲げ試験片

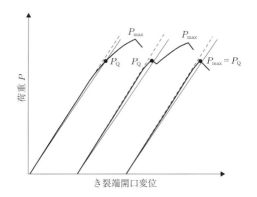

図 **10.20** 切欠き付き曲げ試験における荷重対き
裂端開口変位の曲線

における破壊靱性値の下限を与えるものである．上式の第2式はき裂先端塑性域
の寸法がき裂長さや試験片厚さに対して十分に小さいことを規定するもので(式
(10.19)参照)，重要な意味をもつ．

図 10.21 に圧力容器用高張力鋼[*2]の破壊靭性値の例を示す. K_{Ic} を得るには大きい試験片を必要とすることがわかる. 一方, 破壊靭性値は試験片厚さに依存することも明らかである. 試験片が厚いほど板厚方向への変形が強く拘束され, き裂先端に生じる局所応力が高くなりやすいこと, また, 材料のミクロ的な脆弱部をサンプリングする確率が高くなることがその理由である. へき開脆性破壊の靭性は本質的にばらつきが大きいことが特徴である.

10.2.3 延 性 破 壊

延性破壊は「ひずみ支配型」の破壊である. 切欠き底やき裂先端の局所ひずみが材料の限界ひずみ $\overline{\varepsilon_p}$ に達すると延性破壊が発生するものと考えることができる. 図 10.22 に示すように金属材料では, 静水圧応力[*3] が高いほど $\overline{\varepsilon_p}$ が低下する. 多くの場合, 延性破壊はミクロボイド合体によって起きるが, 静水圧応力が高いとミクロボイドの成長が速くなるのがその理由とされている. 延性破壊の挙動の評価には, 工学教程『材料力学Ⅲ』の 7.2 節で詳述される非線形破壊力学がよく用いられる.

10.2.4 疲 労 破 壊

10.1.4 項で述べたように, 多くの金属材料は降伏応力以下であっても繰り返し応力を受けると破壊を生じることがある. これを**疲労破壊**という. 降伏応力以下でも一部の結晶粒で繰り返し塑性変形が生じ, 粒内すべりの非可逆性によって微小なき裂が発生し, 成長するのが多くの金属材料における疲労破壊のミクロスコピックな機構である.

平滑試験片に繰り返し応力を負荷して疲労破壊させ, 応力範囲 $\Delta\sigma$ を縦軸に, **破断繰り返し数(疲労寿命ともいう)** N_f を横軸にプロットすると図 10.23 のようになる. これを S-N 曲線とよぶ. この曲線は $N_f = N_0 (\Delta\sigma)^{-m}$ で近似することがで

---

*2 高張力鋼とは, 合金成分の添加, 組織の制御などを行って, 一般構造用圧延鋼材よりも強度を上昇させた鋼材のこと.

*3 **静水圧応力**とは, 3つの垂直応力成分の平均値 $(1/3)(\sigma_x + \sigma_y + \sigma_z)$ のこと.

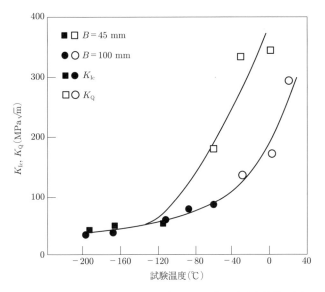

図 10.21 圧力容器用高張力鋼(165 mm 厚)の破壊靱性値の例

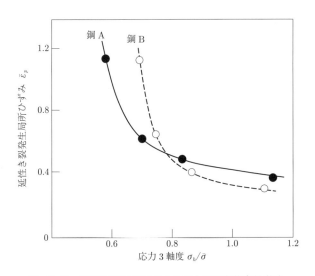

図 10.22 延性破壊限界ひずみの静水圧応力依存性(鋼)

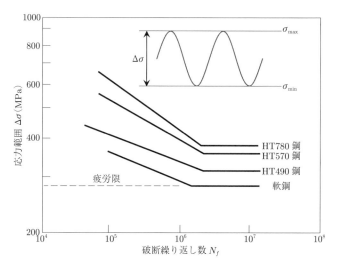

図 10.23　疲労 S-N 曲線の例（鋼）

きる．m は材料によって異なるが，鉄鋼材料では 3 程度である．疲労破壊が起きる下限の応力範囲を**疲労限**という．これよりも小さい繰り返し応力が負荷されてもその材料は疲労破壊を生じない．疲労限は機械部品などの疲労設計に用いられる．

　疲労寿命は平均応力にも依存する．図 10.24 は，材料の引張強さに対する平均応力の比 σ_m/σ_u を横軸に，平均応力が $0(R=-1)$ における疲労強度（たとえば N_f が 100 万回に一致する応力範囲）に対する任意平均応力における疲労強度の比 $\Delta\sigma/\Delta\sigma_{R=-1}$ を縦軸にプロットしたもので，**Goodman**（グッドマン）**線図**とよばれる．ここで，R は繰り返し応力の最小応力と最大応力の比である．$R=-1$ の疲労強度を実験的に求めておけば，任意の平均応力における疲労強度を近似的に求めることができる．

　海洋波中を航行する船舶のように構造物が受ける繰り返し応力は一定でない場合が多い．このようなランダム繰り返し応力を受ける場合の簡便な疲労評価法として **Miner**（マイナー）**の被害則**がある．ある期間における応力繰り返し総数 N において $\Delta\sigma_i$ の応力範囲を n_i 回受けるものとする $(N=\sum_i n_i)$．図 10.23 の S-N 曲線において**疲労累積被害度**を $D=\sum_i(n_i/N_{fi})$ と定義する．ここで，N_{fi} は $\Delta\sigma_i$

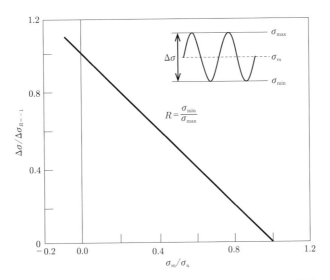

図 10.24 疲労強度に及ぼす平均応力の影響を表す Goodman 線図

に対する疲労寿命である．すべての繰り返し応力が被害度に等しく累積するものとすれば，疲労破壊の条件は $D=1$ となる．ただし，ランダム疲労では疲労限以下の繰り返し応力でも疲労被害が累積するものと考えて疲労限以下の繰り返し応力も考慮するのが一般的である．

　疲労き裂は応力の繰り返しによって進展する．疲労き裂の進展はき裂先端の繰り返し塑性変形によって生じるものであり，破壊力学パラメータによる取り扱いができる．繰り返し応力範囲に対応する応力拡大係数範囲を ΔK として，き裂進展速度（一回の繰り返しあたりのき裂進展長さ）da/dN を ΔK に対してプロットすると図 10.25 のような関係が得られる．これを**疲労き裂進展曲線**という．疲労き裂が進展しない下限の ΔK が存在する．これを下限界応力拡大係数範囲 ΔK_{th} という．da/dN と ΔK の関係を次式で表すことができる．これを **Paris**（パリス）**則**とよぶ．

$$\frac{da}{dN} = \begin{cases} C(\Delta K)^m & (\Delta K > \Delta K_{th}) \\ 0 & (\Delta K \leq \Delta K_{th}) \end{cases} \tag{10.22}$$

疲労き裂が a_0 から a まで成長するのに要する繰り返し数は次式により計算でき

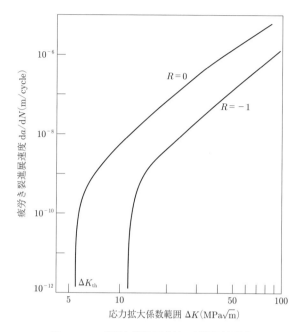

図 10.25 疲労き裂進展曲線の例(構造用鋼)

る.応力範囲が一定でもき裂進展に伴って ΔK は増加する.

$$N = \int_{a_0}^{a} \frac{1}{C(\Delta K)^m}\, \mathrm{d}a \tag{10.23}$$

疲労き裂進展速度も平均応力の影響を受ける.疲労き裂先端には引張塑性ひず
みが生じるが,き裂進展によってき裂先端から後方にこの塑性ひずみが分布す
る.繰り返し応力サイクルにおいて低応力の状態ではき裂の上下面が接触してき
裂先端の繰り返し塑性変形を抑制する.これを**き裂閉口**とよぶ.平均応力が低い
ほどき裂閉口効果が顕著となり,き裂進展速度は低下する.き裂が開口している
応力拡大係数の範囲 ΔK_{eff} を用いれば平均応力に依存しない $\mathrm{d}a/\mathrm{d}N$ 曲線が得ら
れる.

これまで,繰り返し荷重下での微小なき裂の発生と,疲労き裂の進展について
説明してきたが,疲労は,破壊に到る繰り返し回数の大小や作用する応力の大き

さによって高サイクル疲労と低サイクル疲労に分類される．**高サイクル疲労**は，低応力疲労ともいわれ，疲労限近くの比較的低い応力の繰り返しで，破断繰り返し回数が $10^5 \sim 10^6$ 以上の疲労が対象である．航空機や車両構造物などが代表例である．一方，**低サイクル疲労**は高応力疲労や塑性疲労ともいわれ，降伏強さに近い，またはそれ以上の高い応力の繰り返しで，破断繰り返し回数が 10^4 程度以下の疲労が対象である．プラントの圧力容器などが代表例である．ただし，構造物には，運転条件や設計思想により，これら両方のサイクル疲労が関連するものも多い．

　海水中などの腐食環境下で繰り返し応力を受ける構造部材では，10.1.5 項で述べた腐食が重畳する腐食疲労が生じるので注意が必要である．この場合，大気中よりも疲労き裂進展が速くなる．

11 複合材料の基礎

　複合材料は自然界の素材や工業材料のなかで非常に幅広く存在する．その性質
や特性をよく理解し，工業的に利用するためにはさまざまな化学分野の知識が必
要となる．本章では，複合材料の基礎的な理解を得るため，複合材料に関する基
礎知識と，それを力学的に利用もしくは設計するための基礎式について説明す
る．

11.1 複合材料とは

　複合材料(composite materials)とは広義の意味では，複数の素材を組み合わせ
てできる材料のことであり，多くの素材は事実上複合材料といえる．複合化する
ことで単一の材料にはなかった特性を生み出し，使用条件に合わせた仕立てを行
える可能性を有する材料である．自然界では木材などが代表例となる．木材では
リグニン(lignin)の母材の中にセルロース(cellulose)の繊維鎖が埋め込まれてい
る．また，人工物のヘルメットでは，母材はプラスチックであり，その中にガラ
ス繊維が埋め込まれたものでできている．これらは，母材だけでは力学的に弱
く，繊維状のより強い素材で強化したものであり，複合化することで，軽くて強
い素材に仕立てている．このような複合材料は不均質，つまり場所によって特性
が異なっており，示す特性は顕著な異方性，つまり方向によって硬さなどの特性
が異なる性質を示す．
　複合材料は，強化形態，すなわち繊維や母材の種類に応じてさまざまなものが
存在する．強化部材が粒子状のものや，短繊維状のもの，連続した長い繊維状の
ものなどが存在し，長繊維状の中でも，繊維が一方向にそろったものや2次元や
3次元的に織り込んだもの(織物材)など，形態はさまざまであり，さらにはそれ
らを積層した積層構造もある．繊維の種類としては，ガラス繊維，炭素繊維，ア
ラミド(aramid)繊維，セラミック(ceramic)繊維などが挙げられ，近年ではさま
ざまな高機能有機繊維やナノファイバー(nano fiber)なども候補となる．母材も
熱硬化性や熱可塑性のプラスチック，金属，セラミックなどさまざまであり，こ
れらの組み合わせで，非常に多くの複合材料が存在する．上述したヘルメットは

ガラス繊維強化プラスチックであり，GFRP（glass fiber reinforced plastics）とよ
ばれることも多い．近年，民間航空機や自動車にも適用が進みつつある素材とし
ては，炭素繊維強化プラスチック（carbon fiber reinforced plastics, CFRP）が有名
である．図 11.1 に CFRP 一方向材の断面写真の一例を示す．用途や使用条件に
応じて，強化形態，繊維や母材を選択することにより，力学的な剛性，強度，靭
性だけでなく，密度，熱特性や電気特性などの多機能的な特性も考慮しながら，
材料を選択あるいは設計することになる．

　表 11.1 に代表的な繊維の特性について，構造材料としてよく使用される金属
と比較してまとめたものを示す．また，代表的な複合材料の力学的性質を表 11.2
に示す．航空機などは構造部材の軽量性が性能に大きく影響するため，軽くて強
いことが，材料選択の上で非常に重要となる．材料の強さや剛性を重量（比重量）
で割った値を**比強度**あるいは**比剛性**とよぶ．金属では得られない優れた特性が複
合材料では得られることになる．このような複合材料の特性を設計することにつ
いては，次節で説明する．

　複合材料は 2 種類以上の素材から構成されるため，製造方法は，繊維と母材の
組み合わせ，強化形態や繊維基材構造などにより異なってくる．繊維の製造法，
繊維基材の製造（繊維の織り方なども含む），母材の固め方など，最終的な複合材

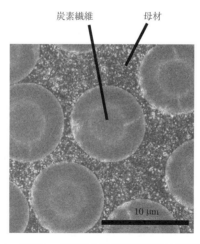

図 **11.1**　CFRP 一方向材の断面写真（繊維に垂直な断面）

表 11.1　代表的な繊維と金属の特性比較

		Young率 [GPa]	引張強度 [MPa]	比重
繊維	ガラス繊維	75	2500	2.5
	カーボン繊維 （高強度グレード）	240	4000	1.8
	アラミド繊維 （ケブラー）	110	3000	1.4
	炭化ケイ素繊維 （SiC）	180	2500	2.5
金属	高張力鋼	210	1400	7.7
	ジュラルミン （アルミ合金）	73	510	2.7

表 11.2　複合材料の力学的特性例

		Young率 [GPa]	引張強度 [MPa]	比重
GFRP 一方向材 （ガラス/エポキシ）	繊維方向 直交方向	40 5	1400 100	2.0
CFRP 一方向材 （カーボン/エポキシ）	繊維方向 直交方向	140 10	1600 80	1.6
AFRP （ケブラー/エポキシ）	繊維方向 直交方向	70 5	1200 25	1.4

料を製造するためには，何段階ものステップを踏むことになる．GFRP や CFRP の場合は，繊維基材に樹脂を塗り込み（あるいは繊維に未硬化樹脂を含浸させたプリプレグ（pre-preg）とよばれるフィルム上の中間基材を用意して），その後圧力をかけながら温度を上昇させ樹脂を硬化させるプロセスが代表的である．単に温度を付与する場合，ホットプレスで成形する場合，真空引きしながら硬化させる場合，あるいはオートクレーブ（autoclave）とよばれる高温高圧を付与することができる装置を使用する場合もある．オートクレーブ法は高コストであるが，航空機などの高品質な複合材構造の製造において使用実績が多い．近年は，イン

フュージョン (infusion) 成形[*1] やプレス成形の高度化など，低コスト成形法の開発が進んでいる．また，複合材料を工業的に利用するにあたり，特性だけでなく，生産性やコストなどの観点からも最適化が進んできている．CFRP などの複合材料の製造方法については巻末の参考文献[36, 39]を参照のこと．

11.2　複　合　則

2種類以上の素材から構成される複合材料の特性を粗く予測する手法として，**複合則**が挙げられる．図 11.2 のように荷重方向に強化材と母材が平行に並んでいる場合を考えてみる．この場合，Poisson 比の影響を無視すると，荷重に垂直な断面内で荷重方向のひずみは一様であると考えられる．全体の厚みを t(幅方向は単位長さとする)，強化層の体積含有率を V_f とすると，断面内の平均応力は，

$$\sigma = \frac{\sigma_f t V_f + \sigma_m t(1-V_f)}{t} = \sigma_f V_f + \sigma_m(1-V_f) \tag{11.1}$$

で表される．ただし，添え字 f は強化層，m は母材を示し，ボイド(空隙)などはないものとしている．一様な引張ひずみを ε とし，全体の見かけの Young 率を E とすると，$\sigma = E\varepsilon$ と表せ，強化層および母材の応力はそれぞれ $E_f\varepsilon$，$E_m\varepsilon$ で表されることから，複合材全体の剛性は，

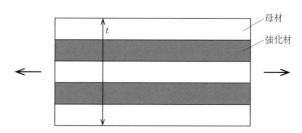

母材
強化材

図 11.2　荷重方向に強化材と母材が平行に並んでいる場合

[*1]　インフュージョン成形とは，上型にフィルムを使用し下型とフィルムの気密性を保ち，真空圧によって樹脂を充填，含侵させる成形法のこと．

$$E = E_f V_f + E_m (1 - V_f) \tag{11.2}$$

となる．これが Young 率の複合則であり，繊維の体積含有率に基づく，2つの構成材料の特性の加重平均となっている．一方向に並ぶ長繊維強化複合材の繊維方向 Young 率の場合は，この式がかなりの精度で成り立つことが知られている．なお，式(11.2)のような加重平均の複合則は，剛性だけでなく，強度を扱う際に流用される場合もある．

　一方，図 11.3 に示されるように，強化材と母材が荷重方向に垂直に並んでいる場合は，各相の荷重方向応力が一定であると考えることができ，次式のような複合材の Young 率を得ることができる．

$$\frac{1}{E'} = \frac{V_f}{E_f} + \frac{1 - V_f}{E_m} \tag{11.3}$$

この式は簡易であり，長繊維強化複合材の繊維に直角な方向の Young 率の粗い推算をすることが可能である．実際には，繊維を図 11.2 や図 11.3 のような板の配列で議論することに無理があり，式(11.3)は実験値には合わず，一般には実験値よりも低い Young 率を予測してしまうが，簡易式としては広く知られている．なお，2つの素材からなる複合材料の剛性について，式(11.2)は上限値，式(11.3)は下限値を与えている．また，図 11.2 や図 11.3 のような積層材や，繊維強化複合材はこの式からも異方性を示すことがわかる．

　力学的特性に限らず複合材料の特性を表現する際，あるいは実験データを整理

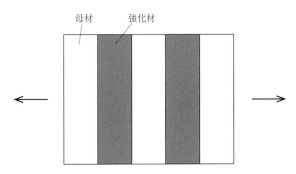

図 11.3　荷重方向と垂直に強化材と母材が並んでいる場合

する際に，上述の複合則をとりあえずの形で適用する場合もある．複数の構成素材の特性から複合材料の特性を近似的に，簡易的に予測する際に，それが妥当かどうかの判断をする必要はあるものの，複合則が広く用いられている．

　GFRPやCFRPをはじめとして，長繊維あるいは短繊維強化プラスチックの均質材としての見かけの力学的特性については，理論の高度化も進み，設計に有用な複合材料の力学的特性の推算式が知られており，たとえば巻末の参考文献[37, 38]を参照していただきたい．これらにより，複合材料を巨視的な均質材とみなした特性(一般には異方性)を構成材料の特性から推定することができる．

11.3　直交異方性板の基礎式

　GFRPやCFRPの複合材を巨視的に見て均質な異方性材料とみなすことができる．これらの特性は実験から得る，あるいは前述の理論などから推定することができる．本節では，異方性材料の平板の挙動を解析するための基礎式を導出する．

　ここでは，異方性の中でも，直交異方性の薄い板についての基礎式[*2]について説明する．変形の仮定や力の釣合いについては，等方性の平板と同様の式が成立し，Hookeの法則のみ異なることになる．直交異方性とは，座標系の3つの各軸周りに180°回転させても弾性係数が変わらない場合をいい，一方向繊維強化プラスチックは一般に直交異方性として取り扱うことができる．ここでは，材料主軸方向(1-2-3軸)に座標系をとるとして，直交異方性体のHookeの法則は，

$$\sigma_1 = C_{11}\varepsilon_1 + C_{12}\varepsilon_2 + C_{13}\varepsilon_3$$
$$\sigma_2 = C_{12}\varepsilon_1 + C_{22}\varepsilon_2 + C_{23}\varepsilon_3$$
$$\sigma_3 = C_{13}\varepsilon_1 + C_{23}\varepsilon_2 + C_{33}\varepsilon_3 \tag{11.4}$$
$$\tau_{32} = C_{44}\gamma_{32}, \quad \tau_{31} = C_{55}\gamma_{31}, \quad \tau_{12} = C_{66}\gamma_{12}$$

と表される．板厚が薄いとして，平面応力状態$(\sigma_3 = \tau_{32} = \tau_{31} = 0)$を仮定すると，以下のように表すことが可能である．

[*2]　本書の3.1.2項も参照のこと．

$$\left\{\begin{array}{c} \sigma_1 \\ \sigma_2 \\ \tau_{12} \end{array}\right\} = \begin{bmatrix} Q_{11} & Q_{12} & 0 \\ Q_{12} & Q_{22} & 0 \\ 0 & 0 & Q_{66} \end{bmatrix} \left\{\begin{array}{c} \varepsilon_1 \\ \varepsilon_2 \\ \gamma_{12} \end{array}\right\} \tag{11.5}$$

ただし，上式の係数 Q_{ij} と Young 率などとの関係は次のようになる.

$$Q_{11} = \frac{E_1}{1 - \nu_{12}\nu_{21}}, \quad Q_{12} = \frac{\nu_{21}E_1}{1 - \nu_{12}\nu_{21}},$$
$$Q_{22} = \frac{E_2}{1 - \nu_{12}\nu_{21}}, \quad Q_{66} = G_{12} \tag{11.6}$$

ここで，$\nu_{12}/E_1 = \nu_{21}/E_2$ が成立することに注意する.

　繊維方向が想定している荷重方向とずれている場合なども想定されるため，材料主軸と異なる座標系での Hooke の法則も考える．図 11.4 のように，材料主軸が 1-2 座標系で表され，座標系として x-y 座標系を考え，両者のなす角度を θ とする 1-2 座標系では，直交異方性板の Hooke の法則は式(11.5)のように表されるが，x-y 座標系では異なる表現となる．その関係を座標変換により求める.

　応力やひずみはテンソルであり，1-2 座標系から x-y 座標系への座標変換は次式のようになる.

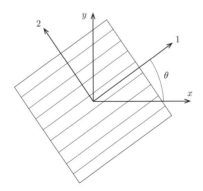

図 **11.4** 繊維方向と全体座標系

$$
\begin{Bmatrix} \sigma_x \\ \sigma_y \\ \tau_{xy} \end{Bmatrix} = \begin{bmatrix} l^2 & m^2 & -2lm \\ m^2 & l^2 & 2lm \\ lm & -lm & l^2-m^2 \end{bmatrix} \begin{Bmatrix} \sigma_1 \\ \sigma_2 \\ \tau_{12} \end{Bmatrix}
$$

$$
\begin{Bmatrix} \varepsilon_x \\ \varepsilon_y \\ \gamma_{xy} \end{Bmatrix} = \begin{bmatrix} l^2 & m^2 & -lm \\ m^2 & l^2 & lm \\ 2lm & -2lm & l^2-m^2 \end{bmatrix} \begin{Bmatrix} \varepsilon_1 \\ \varepsilon_2 \\ \gamma_{12} \end{Bmatrix}
\tag{11.7}
$$

ここで，$l=\cos\theta$，$m=\sin\theta$ である．式(11.7)を式(11.5)に代入すると，x-y 座標系での Hooke の法則を次式のように記述することができる．

$$
\begin{Bmatrix} \sigma_x \\ \sigma_y \\ \tau_{xy} \end{Bmatrix} = \begin{bmatrix} \overline{Q}_{11} & \overline{Q}_{12} & \overline{Q}_{16} \\ \overline{Q}_{12} & \overline{Q}_{22} & \overline{Q}_{26} \\ \overline{Q}_{16} & \overline{Q}_{26} & \overline{Q}_{66} \end{bmatrix} \begin{Bmatrix} \varepsilon_x \\ \varepsilon_y \\ \gamma_{xy} \end{Bmatrix}
\tag{11.8}
$$

ここで，

$$
\begin{aligned}
\overline{Q}_{11} &= l^4 Q_{11} + 2l^2 m^2 (Q_{12}+2Q_{66}) + m^4 Q_{22} \\
\overline{Q}_{22} &= m^4 Q_{11} + 2l^2 m^2 (Q_{12}+2Q_{66}) + l^4 Q_{22} \\
\overline{Q}_{66} &= l^2 m^2 (Q_{11}+Q_{22}-2Q_{12}) + (l^2-m^2)^2 Q_{66} \\
\overline{Q}_{12} &= l^2 m^2 (Q_{11}+Q_{22}-4Q_{66}) + (l^4+m^4) Q_{12} \\
\overline{Q}_{16} &= -l^3 m (2Q_{66}-Q_{11}+Q_{12}) + lm^3 (2Q_{66}-Q_{22}+Q_{12}) \\
\overline{Q}_{26} &= -lm^3 (2Q_{66}-Q_{11}+Q_{12}) + l^3 m (2Q_{66}-Q_{22}+Q_{12})
\end{aligned}
\tag{11.9}
$$

である．たとえば，一方向繊維強化プラスチックについて繊維方向から 45° 傾いた方向の応力-ひずみ関係は式(11.8)に $\theta=45°$ を代入した関係のように振る舞うことになる．このような場合，垂直ひずみのみの場合でもせん断応力が生じてしまう結果となり，**面内カップリング**とよばれる．

　直交異方性板の曲げ問題(材料主軸が座標系と一致する場合)についても考えてみる．前述のように，変形の仮定や力の釣合いについては，等方性の平板と同様であるから，直交異方性の場合は平板の曲げの式の Hooke の法則を式(11.5)で置き換えるだけである．このとき，板厚を h とすると，曲げモーメント M と中央面のたわみ w の関係は，

$$M_1 = -D_{11}\frac{\partial^2 w}{\partial x^2} - D_{12}\frac{\partial^2 w}{\partial y^2}$$

$$M_2 = -D_{12}\frac{\partial^2 w}{\partial x^2} - D_{22}\frac{\partial^2 w}{\partial y^2} \tag{11.10}$$

$$M_{12} = -2D_{66}\frac{\partial^2 w}{\partial x \partial y}$$

となる．ただし，

$$D_{11} = \frac{E_1 h^3}{12(1-\nu_{12}\nu_{21})}, \quad D_{12} = \frac{\nu_{21}E_1 h^3}{12(1-\nu_{12}\nu_{21})},$$

$$D_{22} = \frac{E_2 h^3}{12(1-\nu_{12}\nu_{21})}, \quad D_{66} = \frac{G_{12} h^3}{12} \tag{11.11}$$

と表される．これを 5.2.1 項および 5.2.2 項の議論にならい，力の釣合い式に代入すると，等方性平板の式 (5.21) に代わり，次式のような直交異方性板に関する曲げのたわみ方程式が得られる．

$$D_{11}\frac{\partial^4 w}{\partial x^4} + 2(D_{12}+2D_{66})\frac{\partial^4 w}{\partial x^2 \partial y^2} + D_{22}\frac{\partial^4 w}{\partial y^4} = q_z \tag{11.12}$$

なお，q_z は面外方向の分布荷重を表す．

直交異方性板の座屈についても触れておく．5.2.3 項で述べた平板の座屈の基礎式に対し，これまで同様に Hooke の法則が異なるだけであり，一様な面内圧縮力 N_x を受ける直交異方性板の基礎式は，等方性平板の式 (5.35) に代わり，次式で表される．

$$D_{11}\frac{\partial^4 w}{\partial x^4} + 2(D_{12}+2D_{66})\frac{\partial^4 w}{\partial x^2 \partial y^2} + D_{22}\frac{\partial^4 w}{\partial y^4} + N_x\frac{\partial^2 w}{\partial x^2} = 0 \tag{11.13}$$

また，$x=0$ および a，$y=0$ および b で四辺単純支持の場合の座屈荷重は，x 方向の波数を m とすると，等方性平板の座屈荷重の式 (5.38) に代わり，

$$N_{x,\mathrm{cr}} = \frac{\pi^2}{b^2}\left\{ D_{11}\left(\frac{mb}{a}\right)^2 + 2(D_{12}+2D_{66}) + D_{22}\left(\frac{a}{mb}\right)^2 \right\} \tag{11.14}$$

となる.

　本節では，直交異方性板の弾性変形などについて説明したが，複合材は非線形性や強度の異方性もあり，材料特性については，素材に応じてさまざまである. 強度特性などについては巻末の参考文献[38]を参照のこと.

11.4　積　層　板

　一方向繊維強化プラスチックは一般には繊維方向に剛性や強度が高く，直角方向は低く，異方性を示す. 実際の構造に適用する場合，荷重方向が一方向であればその方向と強い方向を合せて効率的な構造を得ることができる. しかし，さまざまな方向の荷重が作用する際は，繊維方向を色々な方向に配向させて積層させる積層板の形で適用する場合が多い. 図 11.5 に CFRP の積層板の断面写真を示す. 積層方向や積層数により，積層板の特性を変えることができ，さまざまな特性を有する構造材料を設計できる. 本節では，前節で述べた直交異方性板をさまざまな角度で積層させた積層板に関する基礎式を導出する.

　図 11.6 に示すような n 層の積層板を考え，板全体の中央面を z 座標の原点にとり，中央面上の変位を (u_0, v_0, w_0) で表す. 積層板において各層は接着剤などによってしっかりと接合されており，積層板全体の変形として，通常の 1 枚の平板と同様に，曲げ変形について 5.2.1 項で述べた Kirchhoff(キルヒホッフ)の仮定を

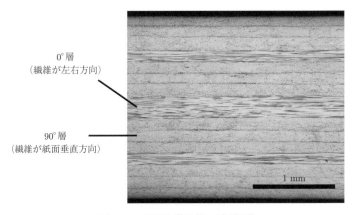

0°層
（繊維が左右方向）

90°層
（繊維が紙面垂直方向）

1 mm

図 **11.5**　CFRP 積層板の断面写真

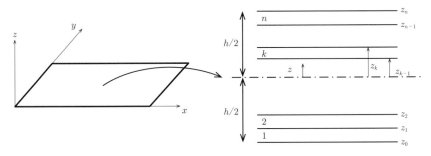

図 **11.6** 積層板

適用すると，積層板内のひずみ分布は式(5.17)と同様に次式で表せる.

$$\varepsilon_x = \frac{\partial u_0}{\partial x} - z\frac{\partial^2 w}{\partial x^2} \equiv \varepsilon_{x0} + z\kappa_x$$

$$\varepsilon_y = \frac{\partial v_0}{\partial y} - z\frac{\partial^2 w}{\partial y^2} \equiv \varepsilon_{y0} + z\kappa_y \tag{11.15}$$

$$\gamma_{xy} = \frac{\partial u_0}{\partial y} + \frac{\partial v_0}{\partial x} - 2z\frac{\partial^2 w}{\partial x\partial y} \equiv \gamma_{xy0} + z\kappa_{xy}$$

ここで，ε_{x0}, ε_{y0}, γ_{xy0} は中央面のひずみ，κ_x, κ_y, κ_{xy} は中央面の曲率を表す.
積層板についても，式(5.14)にならい，単位幅あたりの合応力（断面力，断面
モーメント）を定義すると，各層ごとの繊維方向や特性も異なり，応力も各層ご
とに異なることから，

$$(N_x \quad N_y \quad N_{xy}) = \int_{-h/2}^{h/2} (\sigma_x \quad \sigma_y \quad \tau_{xy})\,\mathrm{d}z = \sum_{k=1}^{n}\int_{z_{k-1}}^{z_k} (\sigma_x^{(k)} \quad \sigma_y^{(k)} \quad \tau_{xy}^{(k)})\,\mathrm{d}z$$

$$(M_x \quad M_y \quad M_{xy}) = \int_{-h/2}^{h/2} (\sigma_x \quad \sigma_y \quad \tau_{xy})z\,\mathrm{d}z = \sum_{k=1}^{n}\int_{z_{k-1}}^{z_k} (\sigma_x^{(k)} \quad \sigma_y^{(k)} \quad \tau_{xy}^{(k)})z\,\mathrm{d}z \tag{11.16}$$

と表される. この式に式(11.8)のような各層ごとの Hooke の法則を適用し，ひず
み分布は式(11.15)としていることから，式(11.16)を計算しまとめると，次式の
ような合応力と中央面のひずみ・曲率の関係が得られる.

$$\begin{Bmatrix} N_x \\ N_y \\ N_{xy} \\ M_x \\ M_y \\ M_{xy} \end{Bmatrix} = \begin{bmatrix} A_{11} & A_{12} & A_{16} & B_{11} & B_{12} & B_{16} \\ A_{12} & A_{22} & A_{26} & B_{12} & B_{22} & B_{26} \\ A_{16} & A_{26} & A_{66} & B_{16} & B_{26} & B_{66} \\ B_{11} & B_{12} & B_{16} & D_{11} & D_{12} & D_{16} \\ B_{12} & B_{22} & B_{26} & D_{12} & D_{22} & D_{26} \\ B_{16} & B_{26} & B_{66} & D_{16} & D_{26} & D_{66} \end{bmatrix} \begin{Bmatrix} \varepsilon_{x0} \\ \varepsilon_{y0} \\ \gamma_{xy0} \\ \kappa_x \\ \kappa_y \\ \kappa_{xy} \end{Bmatrix} \tag{11.17}$$

ただし,

$$A_{ij} = \sum_{k=1}^{n} \overline{Q}_{ij}^{(k)}(z_k - z_{k-1}), \quad B_{ij} = \sum_{k=1}^{n} \overline{Q}_{ij}^{(k)}(z_k{}^2 - z_{k-1}{}^2), \quad D_{ij} = \sum_{k=1}^{n} \overline{Q}_{ij}^{(k)}(z_k{}^3 - z_{k-1}{}^3)$$

$$\tag{11.18}$$

である.A_{ij} は積層板の面内剛性,B_{ij} はカップリング剛性,D_{ij} は曲げ剛性とよばれる.

　一般の積層板では,式(11.17)が示すように,面内力と曲げが連成することになる.また,面内垂直力がねじりともカップリングするような挙動もありえることになる.このような積層板の特性を積極的に利用することも可能であるし,逆に扱いやすい等方的な特性になるように設計することも可能である.

　厚み方向に対して対称な積層板,たとえば[45/90/90/45][*3](あるいは[45/90]s とも書く)のような積層板を考えると,式(11.18)からもわかるように,$B_{ij}=0$ となり,

$$\begin{Bmatrix} N_x \\ N_y \\ N_{xy} \end{Bmatrix} = \begin{bmatrix} A_{11} & A_{12} & A_{16} \\ A_{12} & A_{22} & A_{26} \\ A_{16} & A_{26} & A_{66} \end{bmatrix} \begin{Bmatrix} \varepsilon_{x0} \\ \varepsilon_{y0} \\ \gamma_{xy0} \end{Bmatrix}, \quad \begin{Bmatrix} M_x \\ M_y \\ M_{xy} \end{Bmatrix} = \begin{bmatrix} D_{11} & D_{12} & D_{16} \\ D_{12} & D_{22} & D_{26} \\ D_{16} & D_{26} & D_{66} \end{bmatrix} \begin{Bmatrix} \kappa_x \\ \kappa_y \\ \kappa_{xy} \end{Bmatrix} \tag{11.19}$$

と表される.この場合,面内成分と曲げ成分は分離され,単なる1枚の板と同じように,面内問題と曲げ問題を別々に扱うことが可能となる.

　一方,たとえば,繊維方向を $+\theta$ と $-\theta$ 方向に2枚積層した積層板を考える.このとき積層板の剛性を計算してみると,

---

[*3] 積層板において,固定の座標系に対する各層の配向角を並べたもの.

$$
\begin{Bmatrix} N_x \\ N_y \\ N_{xy} \\ M_x \\ M_y \\ M_{xy} \end{Bmatrix} = \begin{bmatrix} A_{11} & A_{12} & 0 & 0 & 0 & B_{16} \\ A_{12} & A_{22} & 0 & 0 & 0 & B_{26} \\ 0 & 0 & A_{66} & B_{16} & B_{26} & 0 \\ 0 & 0 & B_{16} & D_{11} & D_{12} & 0 \\ 0 & 0 & B_{26} & D_{12} & D_{22} & 0 \\ B_{16} & B_{26} & 0 & 0 & 0 & D_{66} \end{bmatrix} \begin{Bmatrix} \varepsilon_{x0} \\ \varepsilon_{y0} \\ \gamma_{xy0} \\ \kappa_x \\ \kappa_y \\ \kappa_{xy} \end{Bmatrix} \tag{11.20}
$$

となる．たとえば1行目を見ると N_x とねじれ κ_{xy} がカップリングを起こしていることがわかる．言い換えれば，この積層板では軸力を付与することでねじれることを意味しており，積層板においては，このような変形を積極的に利用するよう設計することも可能である．

12 材料力学の問題の一般的解法の基礎

材料力学は設計の基盤である．具体的には，寸法・材料が与えられた構造部材や構造物の力，応力や変位を算定するための基盤である．数理的な視点でみると，このような算定ができるのは，数理的にきちんと解くことができる境界値問題が設定されているからである．この境界値問題を材料力学の問題と称する．本章では物理の式から材料力学の問題を導出し，材料力学の問題を解く方法を説明する．

12.1 設定される材料力学の問題

本章までに説明されてきた連続体の式は実験による観測や物理的な考察によって仮定・実証されてきたものである．これは，変位-ひずみ関係，応力の釣合い式，応力-ひずみ関係(構成方程式)という3種類の式である．微小変形，準静的状態，線形弾性を仮定すると，

$$\varepsilon_{ij} = \frac{1}{2}(u_{i,j} + u_{j,i}) \quad (i,j=1,2,3),$$

$$\sigma_{ij,i} = b_j \quad (j=1,2,3), \tag{12.1}$$

$$\sigma_{ij} = C_{ijkl}\varepsilon_{kl} \quad (i,j=1,2,3).$$

と書くことができる．ここで，下添え字はデカルト座標(x_1, x_2, x_3)での成分を表し，u_i, ε_{ij}, σ_{ij} はそれぞれ変位ベクトル，ひずみテンソル，応力テンソルの成分であり，C_{ijkl} は弾性テンソルの成分，そして b_j は外力である物体力ベクトルの成分である．総和規約を使い，カンマの後の下添え字は偏微分を表す，すなわち $u_{i,j} = \partial u_i / \partial x_j$ である．未知の関数は，変位3成分，ひずみと応力がそれぞれ6成分ずつの計15個である．式の数は，変位-ひずみ関係が6，応力の釣合い式が3，応力-ひずみ関係が6であり，これも計15個であり，式の数に過不足はない．

3つの式を満たす変位，ひずみ，応力を求めるため，まず応力を応力-ひずみ関係を使って消去し，次にひずみを変位-ひずみ関係を使って消去する．この結果，変位のみを使って釣合い式を次のように書き直すことができる．

$$(C_{ijkl}u_{k,l})_{,i} = b_j \quad (j=1,2,3).$$ (12.2)

なお C_{ijkl} の対称性, $C_{ijkl} = C_{ijlk}$ を使って $C_{ijkl}\varepsilon_{kl} = C_{ijkl}u_{k,l}$ としている. 上式では, 変位の成分に対応する3つの未知の関数に対して3つの式が与えられることになる. 本章では式(12.2)を変位の支配方程式とよぶ[*1].

変位の支配方程式は2階の偏微分方程式であるため, 数理的な扱いは面倒である. しかしこの連立した微分方程式を解いて変位3成分の関数を決めることはできる. 微分方程式の常として, 必要かつ十分な境界条件を設定すると, 微分方程式の解が存在し, かつそれが唯一となる. 必要かつ十分な境界条件にはいろいろなものがあるが, たとえば, **Dirichlet**(ディリクレ)**境界条件**とよばれる境界での変位3成分の設定が代表的な境界条件である.

$$u_i = \bar{u}_i \quad (i=1,2,3).$$ (12.3)

ここで $\bar{u}_i$ は境界で指定された変位である. **Neumann**(ノイマン)**境界条件**とよばれる境界での外力の表面分布力ベクトル(トラクション(traction)とよばれる)の設定もよく使われる境界条件であり, 外力が働いていないというトラクションフリー(traction-free)の条件[*2]もこの境界条件の1つである.

式(12.2)と式(12.3)を組み合わせた境界値問題には, 唯一の解[*3]が存在する. 解の存在と唯一性は, 境界値問題のような数理問題を解くためには本質的に重要である. 元々解がない問題に対して, やみくもに数値解析をして数値解を得ようとすることは適切ではない. 一方, 解が存在しかつ唯一であることがはっきりしている問題に対しては, どのような方法を使っても, 得られた解はその問題の解となる. 数値解析の方法によらず, 境界値問題の解を求めることができる. 数理問題に対して解の存在や唯一性を吟味することは材料力学というより応用数学の課題であるが, 材料力学の境界値問題が唯一解をもつという吟味の成果は享受すべきであろう.

[*1] 工学教程『材料力学Ⅰ』の第6章では, 総和規約を用いずに同じ式を導出した.
[*2] 境界での外向き法線ベクトルを n_i として $t_i = n_j(C_{ijkl}u_{k,l})$ で与えられるトラクションがゼロとなること $(t_i=0)$ がトラクションフリー条件である.
[*3] 正確には C_{ijkl} が正定値性(任意の非ゼロのひずみ ε_{ij} に対し $\varepsilon_{ij}C_{ijkl}\varepsilon_{kl}>0$)を満たすことが仮定される.

12.2 材料力学の問題の一般的解法

　材料力学の境界値問題の1つの特徴は，構造部材のような有限の領域の問題を解くことである．単純な形状の領域でない限り，有限領域の境界値問題を解析的に解くことは難しい．領域の形状によっては，境界値問題の解である変位から計算される勾配が特定の箇所に集中する場合がある．変位の勾配はひずみであり，ひずみの集中は応力の集中を意味する．応力が集中する箇所と集中の度合いは工学的に重要であり，境界値問題を解く1つの目的は，領域の形状が決定する応力の集中を調べることに対応する．

　簡単な例として板に小さい穴が開いた場合を考え，境界値問題の解を使って，応力の集中する箇所と集中の度合いを調べてみる．板は一様な引張りを受けるとする．板の寸法に比べ穴の径が十分小さい場合，穴が開いたことによる引張り方向の板の断面積の欠損は無視できる．しかし第9章で述べたように穴の周囲で応力が増加する．

　穴をもつ板の問題を解析的に解くことは難しいが，穴の径が板の幅より十分小さいことを利用して，図12.1に示すように，無限に広がった領域(無限体)に円形の穴が開いた問題を考える．板を無限体とみなすことは奇異に感じるであろうが，穴の周囲の応力の集中を解析的に計算するためにはこの取扱いは便利である．板に働く引張り力は無限体の遠方の応力となり，穴の形を円とすることも同様に解析解を得るためには便利である．2次元極座標での応力3成分の解析解[4]は次式のように与えられる．

---

[4]　この解析解の導出には **Airy**(エアリー)**応力関数**(Airy's stress function)が使われる．応力関数をAとすると，

$$\sigma_{11} = A_{,22},\ \sigma_{22} = A_{,11},\ \sigma_{12} = -A_{,12}$$

として計算されるσ_{11}，σ_{22}，σ_{12}は2次元の釣合い式を満たす．対応するひずみの成分を計算し，適合条件を書き直すと，応力関数の支配方程式が導かれる．等方弾性体の場合，これは次式の重調和方程式

$$A_{,1111} + 2A_{,1122} + A_{,2222} = 0$$

となる．極座標でこの4階の偏微分方程式を支配方程式とする境界値問題を解くことで応力3成分が計算される．

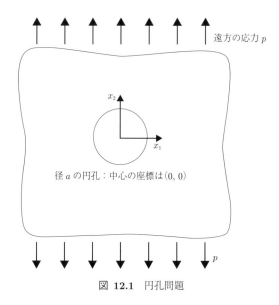

図 **12.1** 円孔問題

$$\sigma_{rr}=\frac{p}{2}(1-\rho^{-2})+\frac{p}{2}(1-\rho^{-2})(1-3\rho^{-2})\cos 2\theta$$

$$\sigma_{\theta\theta}=\frac{p}{2}(1+\rho^{-2})-\frac{p}{2}(1+3\rho^{-4})\cos 2\theta \tag{12.4}$$

$$\sigma_{r\theta}=-\frac{p}{2}(1-\rho^{-2})(1+3\rho^{-2})\cos 2\theta$$

ここで極座標 (r, θ) はデカルト座標 (x_1, x_2) を使って

$$r=\sqrt{x_1^2+x_2^2}, \quad \tan\theta=\frac{x_2}{x_1}$$

と与えられる。また $\rho=r/a$ である。直線 $x_2=0$ では $\sigma_{\theta\theta}=\sigma_{22}$ であるから，この直線に沿って垂直応力 σ_{22} は次式のようになる。

$$\sigma_{22}=\frac{p}{2}\left\{2+\left(\frac{a}{x}\right)^2+3\left(\frac{a}{x}\right)^4\right\} \tag{12.5}$$

円孔の両端に応力が集中し，板に加わった引張力 p の 3 倍となることがわかる．板の寸法に比べ円孔の径が十分小さい場合，円孔両端での 3 倍の応力集中は円孔の位置や板の弾性によらない．しかし，穴の形が円と異なる場合，たとえば，だ円では，応力集中の度合いはだ円の形によって異なる．

　無限体の円孔やだ円孔の問題を解析的に解くためには，変位の境界値問題の代わりに，応力関数の境界値問題を使うことが標準的である．2 次元平面ひずみ状態では，面内の 3 つの応力成分が 2 つの釣合い式を満たすことになるが，これを利用すると，3 つの応力成分を 1 つの関数によって表すことができる．この関数が応力関数である．応力–ひずみ関係から応力の 3 成分に対応するひずみ 3 成分が計算されるが，変位–ひずみ関係からひずみ 3 成分が変位 2 成分によって決定されなければならないことを考えると，ひずみ 3 成分は互いに独立ではなく 1 つの式[*5] を満たさなければならないことがわかる．3.3 節で述べたように，この式はひずみの適合条件とよばれる．適合条件から応力関数の支配方程式を導くことができる．等方弾性体の場合，支配方程式は重調和方程式となる．調和方程式ないし 2 次元 Laplace（ラプラス）方程式の一般解が複素関数の実部で与えられるように，重調和関数の一般解は 2 つの複素関数を使って与えることができる．境界条件を満たす適当な 2 つの複素関数をみつけることで，応力関数の境界値問題が解けるのである．数値計算が利用できなかった時代には，この方法はきわめて有効であった．境界値問題が適当な複素関数の組をみつける問題になったからである．

　無限体の解析解は非常に重宝である．しかし，そもそもの問題は，応力集中を調べるために設定された穴をもつ有限の板の境界値問題である．板の形状も四角とは限らず 2 次元平面ひずみ状態を仮定することもできない場合もある．このような場合，数値解法を利用する．計算機の進歩と有限要素法のような汎用数値解法の整備により，線形問題の境界値問題に対しては，高精度の数値解を得ることは簡単である．

[*5]　ひずみ 3 成分を ε_{11}, ε_{22}, ε_{12} とすると $\varepsilon_{11,22}+\varepsilon_{22,11}-2\varepsilon_{12,12}=0$ を満たすことが，このひずみをつくる u_1, u_2 が存在するために必要である．

12.3 変 分 法

　連続体力学の解法の1つとして**変分法**[*6]を理解することは重要である．変分法は，汎関数を最小化[*7]する変分問題の解法であり，汎関数は関数をスカラーに対応させるものである．変数をスカラーに対応させるものが1変数関数，変数の組をスカラーに対応させるものが多変数関数，そしてこの関数の拡張として，関数をスカラーに対応させるものが汎関数である．適当な汎関数に対して，最小値を与える関数がある．この関数をみつける問題が変分問題であり，みつける方法が変分法である．材料力学では境界値問題の解となる変位の関数が解となる変分問題を設定することができる．解が同じという意味で境界値問題と等価な変分問題である．式(12.2)と式(12.3)の境界値問題を使って説明すると，等価な変分問題は次の汎関数を使う．

$$J(\boldsymbol{u}) = \int_V \left(\frac{1}{2} C_{ijkl} u_{i,j} u_{k,l} + b_i u_i \right) dv \tag{12.6}$$

　上式の右辺を見れば明らかなように，汎関数 J は変位関数 $\boldsymbol{u}$ を使った領域 V での体積分であり，$\boldsymbol{u}$ が与えられるとスカラーを計算できる(図12.2参照)．なお弾性テンソルの対称性，$C_{ijkl} = C_{jikl} = C_{ijlk}$ から，右辺の体積分の第1項はひずみ ε_{ij} を使って $(1/2)C_{ijkl}\varepsilon_{ij}\varepsilon_{kl}$ と書き直すことができる．通常の弾性テンソルの場合，これは常に正である．したがって J は最小値をもつことになる．

　最小値を与える変位関数を同じ記号 $\boldsymbol{u}$ を使って表すと，この関数に若干の変動，$\varepsilon\delta\boldsymbol{u}$，を加えた $\boldsymbol{u}+\varepsilon\delta\boldsymbol{u}$ は J の値をさほど変えないことになる[*8]．これを厳密に表すため，$\varepsilon\delta\boldsymbol{u}$ に対する J の値の変化の割合を次のように考える．

$$\lim_{\varepsilon \to 0} \frac{1}{\varepsilon}(J(\boldsymbol{u}+\varepsilon\delta\boldsymbol{u}) - J(\boldsymbol{u}))$$

　なお，境界条件に対応し，式(12.3)を満たす $\boldsymbol{u}$ と，境界でゼロとなる $\delta\boldsymbol{u}$ を扱っている．J を最小とする $\boldsymbol{u}$ は，任意の $\delta\boldsymbol{u}$ に対し，この極限をゼロとする．この

[*6]　工学教程『最適化と変分法』の第6章も参照のこと．
[*7]　正確には汎関数を停留させる関数をみつける方法である．
[*8]　より厳密には，$\varepsilon\delta\boldsymbol{u}$ を加えることで J の値が小さくなるようであれば，$\boldsymbol{u}$ は最小値を与える関数ではないことは自明である．

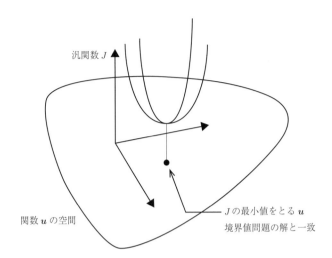

汎関数 J

関数 u の空間

J の最小値をとる u
境界値問題の解と一致

図 **12.2**　関数 u に対してスカラーを計算する汎関数 J

極限を汎関数 J の変分とよび δJ と書く．すなわち

$$\delta J(\boldsymbol{u}) = \lim_{\varepsilon \to 0} \frac{1}{\varepsilon}(J(\boldsymbol{u}+\varepsilon\delta\boldsymbol{u}) - J(\boldsymbol{u})). \tag{12.7}$$

先に述べたように，汎関数の変分をゼロとする関数をみつける問題が変分問題である．そして，式(12.7)の変分問題の解が式(12.2)と式(12.3)の境界値問題の解と一致することが，変分問題と境界値問題の等価性である．少々面倒であるが式(12.6)の J に対して，δJ を計算すると

$$\delta J = -\int_V \delta u_j \{(C_{ijkl}u_{k,l})_{,i} - b_j\}\, \mathrm{d}v \tag{12.8}$$

となる．この計算には，式(12.3)から V の境界で $\delta u_i = 0$ となることが使われている．式(12.2)を満たす $\boldsymbol{u}$ は任意の $\delta\boldsymbol{u}$ に対して $\delta J = 0$ とすることは明らかである．逆に任意の $\delta\boldsymbol{u}$ に対して $\delta J = 0$ とする $\boldsymbol{u}$ は式(12.2)を満たすことも明らかである．したがって J の変分問題は境界値問題と等価なのである．

　変分問題の数値解析は，与えられた汎関数を最小化する J をみつけることになる．一般に，複雑な形状の領域では，微分方程式を数値計算で解くより，等価な

汎関数を最小化する関数をみつけることのほうが簡単である．有限要素法は，この変分問題を解く数値解析手法と考えることができる．

さて，任意の境界値問題に対して，等価な変分問題が設定できるとは限らないことに注意が必要である．式(12.2)と式(12.3)での連続体力学の境界値問題では，実は C_{ijkl} が $C_{ijkl}=C_{klij}$ という対称性を満たすことが必要である．これは

$$C_{ijkl}u_{i,j}u_{k,l}=\frac{1}{2}(C_{ijkl}+C_{klij})u_{i,j}u_{k,l} \tag{12.9}$$

となるため，実際は，C_{ijkl} の代わりに $(1/2)(C_{ijkl}+C_{klij})$ が J の計算に使われるからである．一方，汎関数を考えずに，任意の $\delta\boldsymbol{u}$ に対して

$$\int_V \delta u_j((C_{ijkl}u_{k,l})_{,i}-b_j)\,\mathrm{d}v=0 \tag{12.10}$$

が成立する場合，この $\boldsymbol{u}$ は支配方程式(12.2)を満たすことになる．これは支配方程式の**弱形式**(weak foam)とよばれる．適当な $\delta\boldsymbol{u}$ の組を使って，式(12.10)をゼロとする $\boldsymbol{u}$ をみつけることで，この弱形式の微分方程式を解くことができる．汎関数と同様に微分方程式を解く代わりに右辺の積分を計算することになるため，複雑な形状の領域の境界値問題の数値解法として弱形式を解くことは合理的である．有限要素法の定式化にはこの弱形式を使う場合もある．なお，部分積分によって式(12.10)の第1項を $\delta u_{j,i}C_{ijkl}u_{k,l}$ に変換することができる．弱形式の数値解析にもこの変換を使うことが便利である．

13 構造設計の基礎

　これまでも本書内の各所において設計への言及があったが，構造設計の目的は機器や構造物が安全に機能を果たすため，使用中の破損を防止することである．このため，使用中に作用する荷重を想定して，それが常に構造物の変形応答と材料の破壊強度から決まる耐力を上回らないことを確認することが基本となる．ここで，荷重には運転に伴うものから自然現象に起因するものまでさまざまな種類が存在し，その想定には，材料力学以外に，振動学，機械力学，流体力学，伝熱工学などの知識が必要となる．構造応答と強度評価には，材料強度学や構造力学の知識も必要となる．本章ではこれらの細部には立ち入らず，設計の基本的な枠組みを示す．また具体的な構造設計法は対象物に依存することから，一般的に論じることが難しい．そこで本章では，主としてプラント機器構造の設計を例として扱い，必要に応じて建築，土木などの設計との相違点について述べる．さらに，機器や構造物が社会的に受容されるために，構造設計法を説明責任が果たせるものにする必要があり，そのための規格基準，不確実性の扱いについても述べることとする．

13.1　荷重の性質と評価

　機器や構造物で考慮する必要がある主な荷重として，表 13.1 のように内圧，

表 **13.1**　プラント機器の荷重の種類と構造物の応答

荷重の種類	荷重の性質	繰り返し数	持続時間
内圧	荷重制御	少	長
自重	荷重制御	無	長
熱応力	変位制御	多	短**
地震	荷重/変位制御*	多	短

* 条件に依存する
** 熱過渡応力

自重，熱応力などの運転に伴うものと，地震などの自然現象によるものが挙げられる．建築・土木構造物では，さらに風力などの自然現象を考慮する必要もある．運転時の荷重に比較して，自然現象によるものは一般に不確定性が大きい．これらの荷重は，破損への影響の観点から，それぞれ異なる性質を有している．

表13.1 に示す荷重の性質の中で，荷重制御と変位制御については一般にはなじみの薄い概念である．8.1 節で詳しく述べているが，図 13.1 により簡単に説明する．荷重制御型応力は，一端を固定した棒の他端に重りを載せた場合に棒に生じる応力のように，主として外力との釣合いを満たすために構造内部に発生する応力であり，破損への影響が大きい主要荷重であることから，設計では**1 次応力**とよばれる．6.1.1 項に述べたように弾完全塑性体を仮定した場合には，1 次応力が材料の降伏点に達すると，外力が増加しなくても塑性変形が無制限に成長する，いわゆる，塑性不安定の状態となる．1 次応力の代表例としては，内圧を受ける円筒容器の胴部の周方向応力や，自重によって支持構造に生じる応力が挙げられる．

これに対して，変位制御型応力とは，端部に一定の強制変位を与えて固定した棒に生じる応力のように，主として変形の適合条件を満足させるために構造内部

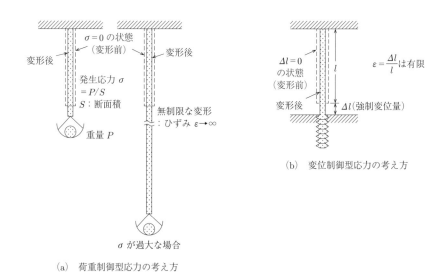

(a) 荷重制御型応力の考え方

(b) 変位制御型応力の考え方

図 13.1　荷重制御型応力と変位制御型応力

に発生する応力の成分であり, 破損への影響は比較的小さく 1 次応力によって随伴的に生じる場合があることから **2 次応力**とよばれる. これが降伏点を超えれば, もちろん, 塑性変形が発生するが, 外力が増加しない限りそれが自動的に無制限に成長することはない, いわゆる, 自己制御型とよばれる変形をもたらす. 実構造では, 両端を固定された配管に熱膨張により生じる熱応力, および円筒殻と球殻からなる圧力容器に内圧を加えた場合に, 円筒殻と球殻の境界部で両者の半径方向変位の差を吸収するために生じる不連続応力が挙げられる.

この概念を拡張すると, 構造物に作用する負荷の分類にも応用でき, それらの構造健全性に与える影響の違いを明確化することができる. たとえば, 圧力, 自重などの負荷は, 構造の塑性崩壊限界に達すれば, それが減少しない限り, 構造物は崩壊する. このような負荷を荷重制御型とよぶことができる. 一方, 熱膨張などの熱負荷は, それによって構造に生じる応力が自己制御型であって, 負荷が無制限に増加しない限り塑性崩壊には到らない. すなわち, 負荷と構造の変位が 1 対 1 対応関係にあって, 変位制御型である.

内圧や自重のように一定または繰り返し数が少ない荷重に対しては, 主として破断, 崩壊, 座屈といった単調負荷に対する破損に留意する必要がある. 一方, 熱流体の温度変動に伴い, それに接する構造体に生じる熱応力や地震のように繰り返し数が多い荷重については, 疲労やクリープ疲労といった繰り返し荷重特有の破損モードを想定する必要がある. 地震に関しては従来から荷重制御型として扱われてきたが, 近年の試験研究から, 通常の条件では変位制御型の破損モードとなることがわかってきている.

持続時間については, 長時間持続する荷重は高温の場合にはクリープ強度に影響する. 熱応力や地震は通常は短時間で減衰するが, これらによる応力が材料の降伏点を越える場合は, 残留応力がクリープ損傷の原因となることから注意が必要である.

13.2 設 計 基 準

13.2.1 構造健全性確保の考え方

前節において, 荷重にはさまざまな種類があり, それぞれ破損への影響が異なることを述べた. また引き起こされる破損モードにも多くの種類があり, その代

表例を工学教程『材料力学Ⅰ』の 7.1 節で述べた. これらの破損モードの中には,
設計時の想定が難しいものや, 応力設計が有効でない種類のものが含まれる. こ
のためすべての破損モードを設計で防止するのは無理があり, 表 13.2 に示すよ
うに材料, 設計, 施工, 検査, 維持の組み合わせによって, 破損モードを網羅す
るのが合理的である.

　このため, 従来は設計を重視してきたのに対し, 複雑な構造物ではライフサイ
クルを通して構造健全性を確保する考え方が取り入れられるようになってきてい
る. 規格基準は従来は主として設計基準のことを指していたが, 図 13.2 に示す
ように設計時の想定に基づく壊れないための努力を目的とした設計基準に加え
て, 建設・運用開始後の設計時の前提条件の変化に対応した維持基準が整備され
るようになってきている.

　維持の考え方は, 図 13.2 に示すように, 検査, 評価, 補修・取替という段階
からなる. まず運転中の機器において, もし定期検査などできずが検出された場
合, 次の定期検査までの継続運転期間における発見されたきずの有害度の評価を
行う. その結果, 運転期間中にきずの大きさが設計上安全とみなせる寸法(許容
寸法とよばれる)を超える可能性があると判断された場合は, 補修や取替を行う.
一方, 運転中点検により異常が発見された場合は補修・取替要否の判断がなされ
る. その評価による取替などが行われるとともに監視を強化し運転継続となる.

表 13.2　想定破損モードと各項目の関わり

破損モード	材料	設計	施工	検査	維持(運転)
脆性破壊	◎	○靭性要求	△遅れ割れ 熱処理	○欠陥サイズ	○欠陥評価 遷移温度監視
延性破壊	△	◎		△板厚	△減肉評価
座屈		◎	△公差		△
過大な変形		◎			△
疲労		◎	○仕上	○欠陥サイズ	○欠陥評価 運転過渡監視
腐食	◎	○環境管理	○残留応力	△	○欠陥評価
中性子損傷	◎				○サーベランス

◎主制限項目　○副制限項目　△間接制限項目

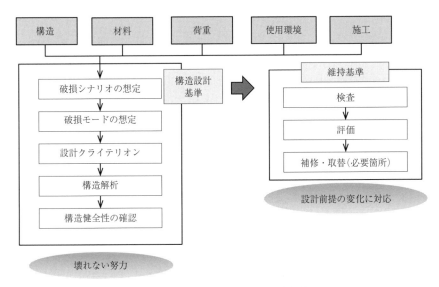

図 **13.2**　機器構造健全性確保の考え方

維持基準では，これらの方法を規定している．

13.2.2　設 計 の 考 え 方

各種の構造設計基準の背景となっている基本的な設計の考え方を以下に示す．

a.　許容応力設計

定められた荷重条件のもとで，構造が概ね線形弾性的に挙動する前提で求められた応力[*1] が，材料の許容応力を越えないように，形状を設計することが基本である．設計時の不確実性を補うものとして，経験から定めた**安全係数**（safety factor）または**設計係数**（design factor）を用いる．

構造設計では，破損を防止するため，荷重が耐力を上回らないことを確認するのが基本である．そのために用いられる強度評価の基本式を次に示す．

[*1]　建築・土木分野では応力度という用語もしばしば用いられる．

$$S < \frac{R}{SF} \tag{13.1}$$

ここで，S は荷重，R は耐力，SF は安全係数(設計係数)である．

　式(13.1)を具体的に適用するためには，左辺と右辺を比較するために適切な物理量を選定する必要がある．破損モードの多くは，直接計算することが不可能な材料のミクロレベルの挙動が積み重なった結果，マクロスコピックに現れたものであることから，観察可能はマクロスコピックな破壊現象と，応力，ひずみなどの計算可能なマクロスコピックな因子との関係を材料試験などにより定めておき(**破損クライテリア**とよばれる)，計算された応力，ひずみなどをこれらと比較することにより実用的な評価を行う．

b.　限 界 状 態 設 計

　構造物には安全だけでなく機能性などさまざまな要求が課される．これらを満たせなくなる状態を**限界状態**とよび，**限界状態設計法**は，性能の程度を限界状態を越える確率で表すことを基本とする．確率の概念を導入することで，安全係数の課題の合理化にもつながるもので，主として建築・土木の分野で発展してきた．その詳細については，13.3 節で改めて説明する．

c.　損 傷 許 容 設 計

　構造物の運用中に微小なきずなどが生じたとしても，直ちに構造物がその機能を喪失するものでなければ，一定期間運用可能とする設計手法である．**非破壊検査**[*2] によって検出可能な程度のきず寸法を仮定し，それらが運用中に進展しても破局的な破壊を生じる前に定期検査などによって確実に発見され，修理・交換などの適切な処理がとられることを前提としている．

d.　公式による設計(**Design by Rule**)

　公式による設計は従来からある圧力容器の設計の考え方であり，材料力学公式などに基づく単純な規格計算によって発生応力が許容応力値以下であることを確

[*2]　非破壊検査とは，ものを壊すことなく，内部や表面に生じたきずや劣化の状況を調べる検査技術を指す．代表的な手法に超音波を用いる方法がある．

認するもので，たとえば，円筒胴部の周方向平均応力については次式で表される．

$$S = \frac{BPD}{2t} < \frac{R}{DF} \tag{13.2}$$

ここで，応力係数 B，最高使用圧力 P，外径 D，板厚 t から計算される円筒胴部の平均応力 S を，材料強度 R と設計係数 DF から決まる許容値以下にする．

　材料，形状，施工法には厳しい要求を設けず，それらの影響を含めて，ボイラーなどの豊富な設計・製造・運転経験のある機器で蓄積された知見を設計係数に集約し，簡明な評価法を実現している．長い使用実績のある設計法である．

e.　解析による設計（Design by Analysis）

　式(13.1)を具体的に適用するには，荷重と耐力を結びつける適切な物理量を選定する必要がある．それは破損モードに依存することから，設計しようとする対象の破損モードを把握し，破壊のメカニズムを支配する因子を摘出する必要がある．**解析による設計**は，起こり得るあらゆる破損様式を想定し，ひとつひとつの破損様式に対応する設計基準を用意し，解析によって構造物の健全性を詳細に評価することができるようにする方法であり，その枠組みは表13.3に示す4つの要素から構成される．

表 13.3　「解析による設計」思想に基づく構造設計基準体系の構成要素

要素	内容
破損モードの認識	基準が適用される機械装置に関して設計上考慮すべき破損モードを明確にする．
破損機構の定式化	各破損モードに関して，破損機構を支配する因子（応力，ひずみなど）を摘出して，破損限界を定式化する．
破損支配因子の算定法の規定	応力（ひずみ）解析により，設計している構造系における破損機構を支配する因子を算定する方法を規定する．
安全係数の設定	各破損モードに関する破損限界のばらつき，および荷重の発生頻度を考慮して，設計上の安全係数を設定する．

13.2.3　規　格　体　系

　構造設計法は，技術を標準化し共有した上で，最低限守る範囲を規格基準化することで，技術の社会的受容性を高めている．構造設計の目的は，機械や構造物の破損を未然に防ぎ，安全に効率良く運用できるようにすることである．このため上位に安全目標や安全性能の要求がある．このような理由から，規格基準の体系は図 13.3 に示すように階層化されている．最上位の目標は頻繁に改訂される性格のものではないことから，法律化されており，プラント機器では「労働安全衛生法」や「原子炉等規制法」，建築分野では「建築基準法」が該当する．それに基づく性能要求は，監督官庁の施行令や告示で与えられる．ここまでの階層は概念的なものであるため，**性能規格**とよばれる．

　その下位にある具体的実施方法については，最新技術を取り入れるために頻繁な改訂が必要となることから，通常民間規格が活用される．プラント機器設計では，日本機械学会規格などが利用されており，そこにはたとえば「解析による設計」に基づく具体的な強度評価法が記載されている．海外では米国機械学会のASME 規格が有名である．建築分野では，日本建築学会の規格があり，そこに「許容応力度設計法」や「限界状態設計法」の具体的な記述がある．これらは**仕様規格**とよばれる．

図 **13.3**　規格基準の階層化された体系

性能規格と仕様規格の階層が曖昧であると，最新技術の迅速な取り込みが阻害されるなどの弊害が生じることから，規格基準は策定しただけでは不十分であり，適切な運用が求められる．

13.2.4　構造設計作業の流れ

これまでに概要を述べた考え方に基づく構造設計作業の流れを，プラント機器を例として図 13.4 に示す．強度に影響する荷重源は，熱荷重，地震荷重，その他の静荷重とさまざまであることから，必要な範囲の解析対象を定めた上で，対象に付加される荷重を適切に想定することが強度評価の第一段階である．次に設定した荷重を境界条件として，構造解析が行われる．構造解析の目的は，設計基準に定める応力・ひずみなどのマクロスコピックな強度因子の算定である．その際，評価すべき破損支配因子を適切に評価できる物理モデルを選定した上で，想定荷重に対するこれらの応答を必要な精度で計算できる数値計算モデルを使用する必要がある．最終的にこのようにして求まってきた応力，ひずみなどを設計基

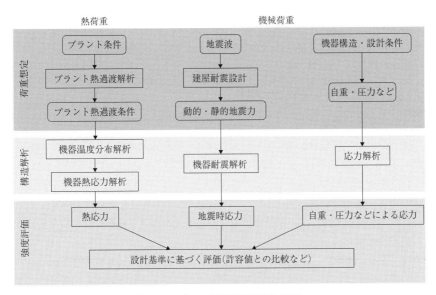

図 **13.4**　プラント機器構造設計の流れ

準で定められた許容値と比較することによって，強度評価がなされる．設計基準
における許容値は，想定される破損モードに関して，材料試験などから得られる
破損限界に，破損機構に伴うばらつきや荷重の不確実性を考慮した安全係数(設
計係数)を乗じて定められている．

13.3　信 頼 性 設 計 法

　前節までに述べたように，構造物に要求される多様な性能を実現させるために
は，それらの置かれている環境を適切に把握し，その環境下で構造物がどのよう
に振る舞うかをできるだけ正確に記述し，さまざまな材料から成る構造物自身の
強さを把握しておくことが必要である．しかしながら，地震，風，雪などの自然
現象は，いつどれくらいの大きさが来るかを予測困難であることや，用いる材料
の強さもさまざまな要因により期待したものと一致するとは限らない．すなわ
ち，構造物を取り巻く環境や材料強度は極めて不確定であり，それゆえに，ある
程度の余裕を見込んで設計，製造することになる．13.2.2 項ではその 1 つの方法
として，安全係数(設計係数)について述べた．本節では，もう 1 つの重要な手法
である信頼性工学に基づく手法について述べる．まず，信頼性工学を理解する上
で必要となる不確定性の定義と分類について説明し，次に，信頼性設計法の理解
のための構造信頼性理論についてそのもっとも重要な部分を解説する．

13.3.1　決定論的安全係数の限界

a.　安全係数の課題

　構造設計とは過去の知識や経験，現在の科学技術を最大限に活用して，それら
から演繹・予測される結果に基づいて，構造物の使用期間(これも一種の予測)中
に経済性などの制約条件下で所定の性能(以下では，安全性に着目する)を確保し
ようとする技術である．したがって，ある程度の確度で予測できる現象はよい
が，予測困難なものについては不確定性が大きいため，なんらかの余裕をもたせ
た設計が必要となる．

　13.2.2 項で述べた，許容応力設計に基づく構造設計法の材料の安全係数は，常
時の長期荷重状態と地震時などの短期荷重状態では大きさが異なり，鉄筋コンク
リート構造物であれば，コンクリート材料の圧縮強度に関して長期で 3，短期で

1.5 の値が採用されている．長期荷重状態時の不確定性の程度が地震時のそれより大きいならば，不確定性の大きいものに大きな余裕を与えるのは当然であるが，そうはなっていない．むしろ，地震のような短期荷重状態が生じることはめったに無い(低頻度)ことから，常時荷重状態よりは小さ目の安全係数となっている．このように安全係数の設定は極めて経験的に定められていることがわかる．

　構造物の設計において設計余裕が材料強度側にのみ存在するわけではない．地震荷重は地震工学の専門家が，材料許容値は材料強度の専門家が，それぞれ余裕を加味して定めている．このような専門領域毎の余裕が複利的に上乗せされ，全体として期待した以上の大きな余裕が構造物に付加されていると考えられる．また，設計工程の随所においても工学的判断と称して安全側の取り扱いがなされ，結果として予想以上に余裕をもった構造物が存在していると推察できる．

　構造物全体あるいは特定の部位が，対象とする荷重作用下でどの程度安全であるのかを把握しておくことは設計者にとって重要な事項である．設計・製造した構造物がどの程度の安全性を有するのか，どの部位がどれくらい弱いのか，余力があり過ぎるのかを設計者自らが認識することは，構造物の安全性確保のみならず，経済的な(効果的資源配分の観点から)構造物をつくる上で重要である．

　そこで，構造物が安全であるといった場合，何をもって安全とするか，「安全性の程度」をどのような尺度で測るかが問題となってくる．従来の許容応力設計法では，構造物(正確には構造物の特定部位)の安全性を表す尺度として安全係数が用いられてきた．大きな安全係数の断面は小さなものよりもより安全である．これは一見もっともらしいが，同一条件すなわち，荷重条件，使用する材料，応力状態が同じであるから，成立する考え方である．しかし，異なる荷重条件，たとえば，常時作用する荷重条件下の部材断面の安全性と，地震荷重が作用するときのそれとでは，設計荷重が個別に設定されているために，安全係数を用いてどちらがより安全であるとは言い得ない．同様に，同じ荷重条件下でも，使用する材料が異なれば公称材料強度(規格強度)も変わり，同じ安全係数を用いたとしてもどちらがどのくらい安全であるかを特定できない．

　このように従来の設計法で用いている安全係数のみでは，構造物の安全性を測る定量的尺度としては不十分である．これを示したものが図 13.5 であり，従来の設計法と信頼性設計法において，余裕の捉え方の違いを模式的に比較したものである．従来の設計法では，設計余裕を与える部分は，表向きは安全係数である

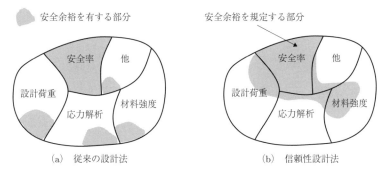

（a）従来の設計法　　　　　　　　（b）信頼性設計法

図 **13.5**　従来の設計法と信頼性設計法のイメージ

ことはすでに示した．しかし，いろいろな部分に余裕が意識的あるいは無意識的に付与されているため，安全係数を用いて真の安全性の議論はできない．一方，次節で説明する信頼性設計法では，荷重，材料強度，応力解析モデルなどの各部分に存在する余裕をひとまとめに表し，そのひとまとめにした部分に対して安全余裕を規定すれば明快な設計法となる．これが信頼性設計法の最大の利点である．

b.　不確定性の存在

構造物の性能を定量化することは，さまざまな不確定性が存在することから容易ではない．不確定性といってもいろいろな種類が存在するが，構造信頼性の分野では，以下の分類が一般的である．

① 物理的不確定性
② 統計的不確定性
③ モデル化誤差

第1に，構造物あるいは構造部材が荷重を受けて破損するかどうかは，荷重の大きさと材料強度の特性に依存しており，荷重・材料強度・寸法などの物理量の実際の変動性に注意を払わなければならない．これらの変動性を**物理的不確定性**とよぶ．この不確定性は容易には低減できない性質を有する．

第2に，変動する物理量の統計量は，数に限りのある標本から推定されることから生じる不確定性を有する．この不確定性を**統計的不確定性**[*3] とよぶ．これは物理量の変動性とは違って情報量の不足に起因する不確定性である．

最後に，用いる理論や力学モデル，仮定条件など実現象との違いに関係して生じる不確定性があり，この不確定性を**モデル化誤差**とよぶ．

一方，次の不確定性の分類も最近よく用いられる．

① 偶然的不確定性(aleatory uncertainty)

② 認識論的不確定性(epistemic uncertainty)

偶然的不確定性とは，物理量の偶然に支配される変動性を表す不確定性である．たとえば，荷重・材料強度・寸法などの物理量のばらつきを表している．**認識論的不確定性**とは，真の状態がよくわからず知識不足により生じる不確定性を示しており，先に示したモデル化誤差とほぼ同じである．この不確定性はデータが蓄積されるにつれ，また，精度の高い理論が出現することにより低減可能な性質をもつ．

13.3.2 確率論的評価法

a. 性 能 の 定 義

構造物あるいは構造部材の性能を議論する際には，それらの性能が満たされない状態(破損状態もその１つ)の定義が必要となる．性能が満たされない状態とは崩壊や破断や損傷などの物理的損傷状態を指す場合だけでなく，構造物の果たすべき機能が喪失する状態も対象となる．したがって，構造物や構造部材の性能は，物理的，機能的状態により定義されるものであり，これらを一括りにして**限界状態**(limit state)とよび，安全性に関わる限界状態と，機能や使用性に関わる使用限界状態とに分類される．

いったん限界状態が定義されると，それらを関数表現することにより限界状態に至る余裕(安全性の場合には，安全余裕に相当)を定量化することができる．

b. 性 能 の 定 量 化

一般的に，限界状態を表す関数を複数の確率変数の関数として考える．

$$G = G(X_1, ..., X_n) \tag{13.3}$$

---

*3 工学教程『確率・統計Ⅰ』も参照のこと．

上式において，$X_1 \sim X_n$ は限界状態を表すために必要な n 個の確率変数とする．たとえば，これらの確率変数は，荷重の大きさや，部材の断面寸法，材料強度などを表す．そして，G は以下の状態を表す限界状態関数を定義する．

$G < 0$：限界状態に達した危険な状態
$G = 0$：2 つの状態の境界
$G > 0$：限界状態に達しない安全な状態

そうすると，指定した性能を満足しなくなる確率（限界状態に達する確率）P_f は $G < 0$ となる確率として次式で定義される．このような確率の基礎については工学教程『確率・統計 I』や参考文献[41, 43]を参考のこと．

$$P_f = \mathrm{Prob}(G < 0) = \int_{G<0} f_G(g)\,\mathrm{d}g = \int_{G<0}\cdots\int f_{X_1\cdots X_n}(x_1, ..., x_n)\,\mathrm{d}x_1\cdots\mathrm{d}x_n \qquad (13.4)$$

ここに，$f_G(g)$ は限界状態関数 G の確率密度関数（分布形）であり，$f_{X_1\cdots X_n}(x_1, ..., x_n)$ は $X_1 \sim X_n$ の同時確率密度関数である．なお，積分記号のもとの $G < 0$ は被積分関数を $G < 0$ の領域で積分することを意味する．

c.　破損確率（Probability of Failure）

式(13.4)の P_f を破損確率あるいは機能喪失確率とよび，安全係数（安全余裕）に代わる新しい指標として，建築・土木分野において 1950 年代頃に既に提案された．

図 13.6 に示すように，限界状態関数が部材耐力 R と部材に作用する荷重 S で記述される簡単なモデルにおいては，限界状態関数 G は，

$$G = R - S \qquad (13.5)$$

で表される．このとき，P_f は，

$$P_f = \int_{G<0} f_G(g)\,\mathrm{d}g = \iint_{R-S<0} f_R(r) f_S(s)\,\mathrm{d}r\mathrm{d}s \qquad (13.6)$$

と表される．図 13.7 には G の分布と P_f の意味を模式的に示す．式中の $f_R(r)$，$f_S(s)$ はそれぞれ，耐力 R と荷重 S の確率密度関数である．上式において余裕 G

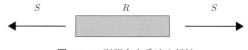

図 **13.6**　引張力を受ける部材

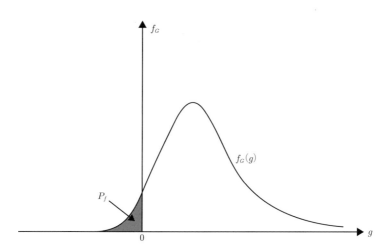

図 **13.7**　限界状態関数 G の分布と破損確率 P_f

の確率密度関数 $f_G(g)$ が既知であれば，直ちに G が負となる確率，すなわち，性能を満足しない状態となる確率を求めることができる．しかし，一般に G の確率密度関数 $f_G(g)$ の評価は容易ではない．

図 13.8 は $R\text{-}S$ 平面上で破損領域（$R\text{-}S<0$ の領域）と，R と S のサンプルをプロットしたものである．本図を参照すれば，式(13.6)の二重積分を積分範囲に注意して次式のように一重積分に書き換えることができる．

$$P_f=\int_0^{+\infty} f_R(r)[1-F_S(r)]\,\mathrm{d}r \tag{13.7}$$

$$P_f=\int_0^{+\infty} F_R(s)f_S(s)\,\mathrm{d}s \tag{13.8}$$

ここに $F_R(r)$，$F_S(s)$ は，$R,\ S$ の累積分布関数である．

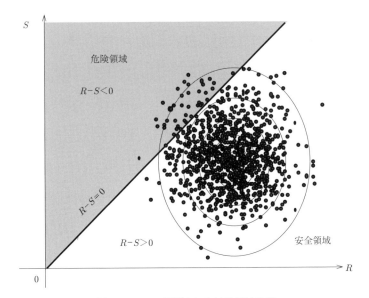

図 **13.8**　R-S 平面上における領域分割

　このように，安全余裕として破損確率 P_f を用いる表現はその定義が数学的に
きわめて明快であるものの，以下の条件が必要であることがわかる．

条件 1　$F_R(r)$，$F_S(s)$ が与えられていること
条件 2　式(13.6)～(13.8)に示すように，破損確率の算出には限界状態関数に
　　　　含まれる確率変数の総数分の多重積分が必要となる
条件 3　破損事象は，R が極小で S が極大のような場合，すなわち，データと
　　　　しては収集しづらい領域で頻繁に生じる．

これらのことから，確率を用いた表現は簡潔ではあるものの実用的でないとし
て，1960 年代前半においては工学への応用が進まない時代があった．しかし，
次に示す実用的な考え方が1970 年初頭に登場し信頼性理論の基礎が整備され，
その後，信頼性設計法への応用が行われた．

d. 安全余裕に代わる信頼性指標

R や S など，いろいろな物理量のデータの分布に関する情報を得ることは現実的には難しい．そこで，P_f に代わる実用的な指標が提案された．それは，以下に示すように，限界状態関数 G の平均値 μ_G と標準偏差 σ_G を用いて定義される無次元の指標 β である．

$$\beta = \frac{\mu_G}{\sigma_G} \tag{13.9}$$

余裕 G の平均値と標準偏差であるので，ばらつくデータの裾野の情報まで必要なくきわめて実用的なものである．β を **2 次モーメント信頼性指標**(second-moment reliability index)とよび，そのわかりやすい説明としては，図 13.9 に示すように余裕 G の平均値がその標準偏差の何倍に相当するかを β で表したものである．

この表現形式は大学受験などでよく利用される偏差値と基本的に同じである．ちなみに，偏差値とは，試験の得点が母集団の平均値を 50 に基準化して，標準偏差の何倍のところに位置するかを表したもので，考え方は信頼性指標と同じである．偏差値の場合は，平均値を 50 点とし，単位標準偏差を 10 点として換算し

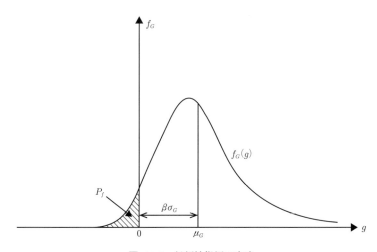

図 **13.9**　信頼性指標の意味

た得点である．すなわち，試験の母集団の平均値，標準偏差がそれぞれ，65 点，20 点の時に，ある人の得点が 75 点の場合，偏差値 $=(75-65)/20\times10+50=55$ となる．厳しい受験競争の中では，全受験者の中で自分の得点が相対的にどこに位置しているのかが重要であることから，偏差値が生の得点に比べて優位性があることがわかる．これは信頼性指標の重要な特長である．

もし式(13.5)の R と S を用いるならば，β は次式となる．

$$\beta=\frac{\mu_G}{\sigma_G}=\frac{\mu_R-\mu_S}{\sqrt{\sigma_R^2+\sigma_S^2}} \tag{13.10}$$

上式においては，R と S の統計的独立性を仮定している．ここで注意しておかねばならないことは，β の定義式において G の分布の情報は平均値と標準偏差しか使用されておらず，$G<0$ となる確率は求めようにも情報が足りず評価できない点である．

限界状態関数 G の平均値と標準偏差に加えて，G の分布関数の情報があれば，β と P_f を関係づけることができる．以下では，G が正規分布すると仮定して，β と P_f の関係を導く．

図 13.7 に示すように，正規分布する G に対して G の平均値と標準偏差より以下の変数変換を行う．

$$U=\frac{G-\mu_G}{\sigma_G} \tag{13.11}$$

ここに U は平均値 0，単位標準偏差を有する正規確率変数で，破損確率 P_f は次式のようになる．

$$P_f=\mathrm{Prob}(G<0)=\mathrm{Prob}(\sigma_G U+\mu_G<0)=\mathrm{Prob}\left(U<-\frac{\mu_G}{\sigma_G}\right)=\mathrm{Prob}(U<-\beta)$$
$$=\Phi(-\beta) \tag{13.12}$$

ここに $\Phi(t)$ は平均値 0，単位標準偏差をもつ確率変数 U の累積分布関数であり，次式で与えられる．

$$\Phi(t)=\frac{1}{\sqrt{2\pi}}\int_{-\infty}^{t}e^{-(1/2)t^2}\,\mathrm{d}t \tag{13.13}$$

式(13.12)からわかるように，β と P_f の関係は Φ を介して一意に関連づけられる．これらの関係をプロットしてみると図13.10となる．また，数値的には表13.4のようになり，P_f の指数部が信頼性指標 β とほぼ対応することがわかる．

e.　設計法への応用

信頼性指標に基づいて設計式を導くことができる．ある限界状態に関する設計式は次式となる．

$$\beta > \beta_T \tag{13.14}$$

ここに，β はこれから設計しようとする構造部材の信頼性指標であり，β_T は別途定められる目標信頼性指標である．β_T は限界状態に至った後の影響の程度を

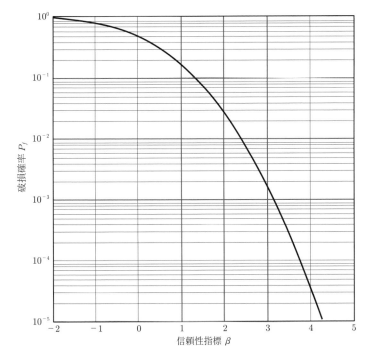

図 **13.10**　信頼性指標と破損確率

表 **13.4** 破損確率と信頼性指標の関係

信頼性指標 β	破損確率 P_f
0.0	0.5
1.0	1.6×10^{-1}
2.0	2.3×10^{-2}
3.0	1.3×10^{-3}
4.0	3.2×10^{-5}

表し，経済性により定められる．上式が，信頼性指標に基づく構造設計式であ
り，13.2.2 項に示された設計式(13.1)に対応する．

式(13.14)の左辺に式(13.10)を代入すると次式となる．

$$\frac{\mu_G}{\sigma_G} = \frac{\mu_R - \mu_S}{\sqrt{\sigma_R^2 + \sigma_S^2}} > \beta_T \tag{13.15}$$

上式は，余裕 G の平均値をその標準偏差の β_T 倍以上とすることが設計の条件と
なることを意味する．

しかしながら，実設計において余裕の平均値や標準偏差を評価することは煩雑
であることから，もっと実用的な設計式が必要である．式(13.15)をさらに変形
して部材の耐力と荷重に関係する項に分離する．

$$\mu_R > \mu_S + \beta_T \sqrt{\sigma_R^2 + \sigma_S^2} \tag{13.16a}$$

$$\mu_R - \beta_T \alpha_R \sigma_R > \mu_S + \beta_T \alpha_S \sigma_S \tag{13.16b}$$

ここに，α_R, α_S は分離係数とよばれる無次元の正の係数であり，全体の標準偏
差に対する個々の標準偏差の比として定義される．

$$\alpha_R = \frac{\sigma_R}{\sqrt{\sigma_R^2 + \sigma_S^2}}, \quad \alpha_S = \frac{\sigma_S}{\sqrt{\sigma_R^2 + \sigma_S^2}} \tag{13.17a, b}$$

式(13.16)を 13.2 節で示した従来の設計式のように表現すると次式となる．

$$\phi R_n > \gamma S_n$$

$$\phi = (1 - \alpha_R \beta_T V_R)\frac{\mu_R}{R_n}, \quad \gamma = (1 + \alpha_S \beta_T V_S)\frac{\mu_S}{S_n} \tag{13.18}$$

ここに，ϕ，γ をそれぞれ耐力係数，荷重係数とよび，耐力および荷重の平均値と標準偏差（上式では，変動係数 $V_R = \sigma_R / \mu_R$, $V_S = \sigma_S / \mu_S$)，材料規格などで定められる公称強度 R_n，荷重の代表値 S_n，そして目標信頼性指標 β_T より定められる係数である．

式 (13.18) の設計式は，**荷重・耐力係数設計式** (load and resistance factor design, LRFD) とよばれる．なお，耐力側と荷重側にも余裕を付与する係数があることから**部分安全係数設計式**ともよばれる．

式 (13.18) の形の設計式であれば，式 (13.1) の許容応力設計と同様のものとなり使いやすい．ただし，式 (13.1) の安全係数の代わりに，耐力側にも荷重側にもそれぞれ安全係数 ϕ，γ が導入されており，これらの安全係数が式 (13.18) の定義に見るように，R と S の統計量（平均値と標準偏差）と目標信頼性指標により構成されていることがわかる．すなわち，従来の経験的な安全係数とは異なり，根拠づけがきわめて明確な安全係数となっているといえる．

実際の設計法への応用としては，要求性能水準に応じて，係数 ϕ，γ が事前に設定されており，式 (13.18) の設計式に従って構造部材を設計した場合，所定の目標値 β_T を結果的に満足することになる．

最後に，対象とする構造物がきわめて重要性が高い場合は，信頼性指標を用いる代わりに，より豊富な情報を用いて破損確率に基づいた設計を行うこともある．確率に基づく設計式は次式となる．

$$P_f < P_{fa} \tag{13.19}$$

ここに，P_{fa} は許容破損確率であり，構造物の社会的重要性，経済性などにより別途定められるものである．このように破損確率を直接用いる場合は，リスク評価ともよばれ，社会的に重要な構造物に適用されることが多い．

参 考 文 献

連続体力学

[1] 松井孝典，松浦充宏，林祥介，寺沢敏夫，谷本俊郎，唐戸俊一郎：地球連続体力学，岩波講座地球惑星科学，岩波書店，1996.

[2] 中村喜代次，森教安：連続体力学の基礎，コロナ社，1998.

[3] A.J.M. Spencer：Continuum Mechanics, Dover Publications, 2004.

[4] D.R. Smith：An Introduction to Continuum Mechanics-after Truesdell and Noll, Springer, 2010.

固体力学

[5] 日本材料学会編：固体力学の基礎，日刊工業新聞社，1981.

[6] 日本機械学会編：固体力学：基礎と応用，オーム社，1987.

弾性力学・応用力学

[7] I.S. Sokolnikoff：Mathematical Theory of Elasticity, McGraw-Hill, 1956.

[8] S. Timoshenko：Theory of Elasticity, McGraw-Hill, 1970.

[9] A.H. England：Complex Variable Methods in Elasticity, Dover Publications, 1971.

[10] 小林繁夫，近藤恭平：弾性力学，工学基礎講座，培風館，1987.

[11] J.E. Marsden, T.J.R. Hughes：Mathematical Foundations of Elasticity, Dover Publications, 1994.

[12] V.I. Arnold：Mathematical Methods of Classical Mechanics, Springer, 1997.

[13] M.L. Kachanov, B. Shafiro, I. Tsukrov：Handbook of Elasticity Solutions, Springer, 2010.

[14] 中島淳一，三浦哲：弾性体力学　変形の物理を理解するために，共立出版，2014.

材料力学

[15] 宮本博，菊池正紀：材料力学，裳華房，1987.

[16] 尾田十八：材料力学，基礎編，森北出版，1988.

[17] 村上敬宣：材料力学，機械工学入門講座，森北出版，1994.

[18] 冨田佳宏，仲町英治，中井善一，上田整：材料の力学，機械工学入門シリーズ，朝倉書店，2001.

[19] 小久保邦雄，後藤芳樹，森孝男，立野昌義：材料力学(機械工学基礎コース)，丸善，2002.

[20] 日本機械学会編：材料力学，JSME テキストシリーズ，日本機械学会，2007.

[21] 三好俊郎，白鳥正樹，尾田十八，辻裕一，于強：大学基礎　新版　材料力学，実教出版，2011.

構造力学・構造の基本要素

[22] 小林繁夫：航空機構造力学，丸善，1992.

[23] 滝敏美：航空機構造解析の基礎と実際，プレアデス出版，2012.

[24] 桑村仁：建築の力学—弾性論とその応用—，技報堂出版，2017.

熱応力・弾塑性力学

[25] 竹内洋一郎，野田直剛：再増補改訂　熱応力，日新出版，1989.

[26] P.K. Penny, D.L. Marriott : Design for Creep second edition, Chapman & Hall, 1995.

[27] 吉田総仁：弾塑性力学の基礎，共立出版，1997.

[28] N. Noda, R.B. Hetnarski, Y. Tanigawa : Thermal Stress, LASTRAN, 2000.

材料力学と有限要素法

[29] 矢川元基，宮崎則幸：有限要素法による熱応力・クリープ・熱伝導解析，サイエンス社，1985.

[30] 矢川元基，吉村忍：計算固体力学，岩波講座　現代工学の基礎，岩波書店，2001.

材料科学，材料の力学特性，破壊力学

[31] 朝田泰英，鯉渕興二共編：総合材料強度学講座8　機械構造強度学，オーム社，1984.

[32] P.K. Penny, D.L. Marriott : Design for Creep second edition, Chapman & Hall, 1995.

[33] 丸山公一，中島英治：高温強度の材料科学，内田老鶴圃，1997.

[34] T.L. Anderson 著，粟飯原周二監訳，金田重裕，吉成仁志訳：破壊力学　基礎と応用　第3版，森北出版，2011.

複合材料

[35] 吉川弘道：鉄筋コンクリートの設計—限界状態設計法と許容応力度設計法，丸善，

1997.

[36] F.C. Campbell Jr : Manufacturing Process for Advanced Composites, Elsevier, 2003.

[37] D. Hull, T.W. Clyne 著，宮入裕夫，池上皓三，金原勲訳：複合材料入門[改訂版]，培風館，2003.

[38] 邉吾一，石川隆司：先進複合材料工学，培風館，2005.

[39] S.G. Advani, K.-T. Hsiao : Manufacturing Techniques for Polymer Matrix Composites (PMCs), Woodhead Publishing, 2012.

材料力学と設計，信頼性工学，リスク

[40] 実際の設計研究会：続・実際の設計，日刊工業新聞社，1992.

[41] 日本建築学会編：事例に学ぶ建築リスク入門，技報堂出版，2007.

[42] 小林英男編著：リスクベース工学の基礎，内田老鶴圃，2011.

[43] A. H-S. Ang, W.H. Tang 著，伊藤學，亀田弘行監訳，阿部雅人，能島暢呂訳：改訂 土木・建築のための確率・統計の基礎，丸善，2007.

[44] 日本規格協会：建築・土木構造物の信頼性に関する設計の一般原則，JIS A3305, 2020.

索　引

東京大学工学教程

2023 年 9 月

著者の現職

吉村 忍（よしむら・しのぶ）
東京大学大学院工学系研究科
システム創成学専攻　教授

酒井信介（さかい・しんすけ）
東京大学名誉教授

泉 聡志（いずみ・さとし）
東京大学大学院工学系研究科
機械工学専攻　教授

横関智弘（よこぜき・ともひろ）
東京大学大学院工学系研究科
航空宇宙工学専攻　准教授

笠原直人（かさはら・なおと）
東京大学大学院工学系研究科
原子力国際専攻　教授

鈴木克幸（すずき・かつゆき）
東京大学大学院工学系研究科
システム創成学専攻　教授

粟飯原周二（あいはら・しゅうじ）
東京大学名誉教授

堀 宗朗（ほり・むねお）
海洋研究開発機構
付加価値情報創生部門　部門長

高田毅士（たかだ・つよし）
東京大学名誉教授

東京大学工学教程　材料力学
材料力学Ⅱ

令和 5 年 11 月 15 日　発　行

編　者　東京大学工学教程編纂委員会

　　　　吉村　忍・酒井　信介・泉　聡志
著　者　横関　智弘・笠原　直人・鈴木　克幸
　　　　粟飯原　周二・堀　宗朗・高田　毅士

発 行 者　池　田　和　博

発 行 所　丸善出版株式会社

〒101-0051 東京都千代田区神田神保町二丁目17番
編 集：電話 (03) 3512-3266／FAX (03) 3512-3272
営 業：電話 (03) 3512-3256／FAX (03) 3512-3270
https://www.maruzen-publishing.co.jp

組版印刷・製本／三美印刷株式会社

ISBN 978-4-621-30856-1　C 3350　　　　Printed in Japan